小型肉羊场
赚钱策略

李连任　主编

中国农业科学技术出版社

图书在版编目（CIP）数据

小型肉羊场赚钱策略 / 李连任主编 . —北京：中国
农业科学技术出版社，2015.1
ISBN 978-7-5116-1771-2

Ⅰ.①小…　Ⅱ.①李…　Ⅲ.①肉用羊—饲养管理
Ⅳ.①S826.9

中国版本图书馆 CIP 数据核字（2014）第 172554 号

责任编辑　张国锋
责任校对　贾晓红

出 版 者　中国农业科学技术出版社
　　　　　北京市中关村南大街 12 号　邮编：100081
电　　话　（010）82106636（编辑室）（010）82109702（发行部）
　　　　　（010）82109709（读者服务部）
传　　真　（010）82106631
网　　址　http://www.castp.cn
经 销 者　各地新华书店
印 刷 者　北京富泰印刷有限责任公司
开　　本　850mm×1 168mm　1 /32
印　　张　6.875
字　　数　196 千字
版　　次　2015 年 1 月第 1 版　2015 年 1 月第 1 次印刷
定　　价　24.00 元

编写人员名单

主　编　李连任

副主编　魏叶堂　王永磊

编写人员

李　童	李世常	王永磊	张翔兵
刘玉春	张树华	黄学家	魏叶堂
李长强	李茂刚	王立春	刘源利
胡海燕	李连任		

前　言

　　随着我国经济快速发展，城镇居民物质生活水平大幅提高，对羊肉的需求量逐年增加，养羊业得到空前发展。羊耐粗饲，精料消耗少，几乎不与人争粮，饲养管理相对比较简单。而以存栏 50～300 只羊规模的小型肉羊场，由于饲养羊的数量少，规模不大，所建羊场及生产设施比较简单，造价低廉，投资规模一般农户都可以承受。所以，小型肉羊场是当前农区养羊发展的大趋势。

　　传统养羊以散养、放养为主，比较效益低下，疫病防控困难，生态环境破坏严重，而以适度规模为特征的小型肉羊场饲养方式，在保护当地生态环境平衡、提升当地畜牧业发展水平和提高养殖效益等诸多方面具有显著优势。但适度规模化养殖方式背离了肉羊的原生态环境，对不良刺激应激性增加，抵抗力降低。因此，即便是小型肉羊场，要确保肉羊的健康生长、肥育，也离不开先进技术和科学的经营管理。

　　肉羊场能否赚钱及可持续健康发展，与羊场饲养管理是否科学息息相关，而本书作者正是从这个角度，本着可学、可用的原则编著了此书。养羊要赚钱，必须把握市场规律，向理念要效益；科学引种繁殖，向良种要效益；管好设备设施，向环境要效益；科学使用饲草饲料，向成本要效益；抓好肉羊管理，向管理要效益；防病与治病，向健康要效益。本书从这几个方面入手，突出实践和技能，图文并茂，内容充实，期望能为广大小型羊场业主和生产经营者提供一些帮助。本书也可供畜牧技术人员阅读参考。

由于编者水平有限，不当之处请批评指正。

编　者

2014 年 6 月

目 录

第一章
把握市场规律，向理念要效益

第一节　我国养羊业的现状

一、丰富的绵羊、山羊品种资源

我国的绵羊、山羊品种资源十分丰富，仅列入《中国羊品种志》的地方绵羊、山羊品种有 35 个，加上列入各省《畜禽品种志》的地方绵羊、山羊品种达 80 个。

《中国羊品种志》资料统计，我国绵羊品种有 50 个，其中培育品种 9 个，多数为毛用羊品种，地方品种占 31 个。在 31 个地方品种中，除了特殊用途的羊品种外，基本都用于羊肉生产，但其作为羊肉生产的主体，缺乏肉用绵羊应具备的特点。例如，我国著名的地方优良品种小尾寒羊，虽然具备了生长发育快、早熟、繁殖率高的特点，但在体形外貌及产肉性能方面尚有不足。而肉用绵羊新品种的培育是以小尾寒羊为母本，通过杂交、横交固定、选育提高 3 个阶段进行。新品种特点是早期生长发育快，体格大，成熟早，胸深宽，背腰平直，肌肉丰满，后躯发育良好。肉用绵羊新品种雏形的形成，为新品种的育成奠定了良好的基础。这对提高我国肉用羊生产水平和效率，降低生产成本，增加农牧民收入都具有重要意义。

同时，我国也培育了许多生产性能较高的培育品种，经我国畜牧科技人员几十年的选育、培育，目前，已育成不同生产方向的绵羊品种 22 个，如细毛羊有新疆细毛羊、中国美利奴羊、东北细毛羊、内蒙古细毛羊、敖汉细毛羊等。我国绵羊、山羊品种具有许多优良和独特的性状，例如，小尾寒羊、湖羊的高繁殖性能，济宁青山羊的优秀羔皮性能，滩羊、中卫山羊的优秀裘皮性能，辽宁绒山羊、内蒙古白绒山羊的产绒毛性能。这些优良品种在世界上也是罕见的，其产品在国际市场上久负盛誉。丰富的绵羊、山羊品种资源，有力地促进了养羊生产的发展，养羊生产水平得到显著提高。

二、百花齐放的肉羊生产方式

（一）主要生产区域从牧区转向农区

1980年，排在羊肉产量前五位的是新疆维吾尔自治区（以下简称新疆）、内蒙古自治区（以下简称内蒙古）、西藏自治区（以下简称西藏）、青海省和甘肃省5大牧区省份，其羊肉产量占到全国的49%，2013年已下降到40%。目前，除新疆和内蒙古的羊肉产量在国内仍位居前列以外，河南省、河北省、四川省、江苏省、安徽省、山东省等几大农区省份的羊肉生产均已大大超过了其他几个牧区省份，上述几个省的羊肉产量占全国的比重已从1980年的40%上升到了2013年的45%左右。

（二）养殖方式逐步由放牧转变为舍饲和半舍饲

以往我国传统牧区养羊主要是以草原放牧为主，很少进行补饲和后期精饲料育肥。这种饲养方式的优点是生产成本低廉，但随着草地载畜量的逐年增加，很容易对草地资源造成破坏。同时，这种饲养方式周期较长，肉质较粗糙，且肌间脂肪沉积量较少，口感较差，要求的烹制时间较长，经济效益也较差。目前，在部分条件较好的农区，对肉羊进行后期育肥或全程育肥的饲养方式越来越普遍，舍饲既是发展优质高档羊肉的有效措施，也是保护草原生态环境、加快肉羊业发展的重要途径。

（三）千家万户分散饲养正在向相对集中的小型养殖场转变

目前，我国羊肉生产中千家万户的分散饲养仍然是主要的饲养方式。在农村特别是在中原和东北，羊的饲养规模已经出现了逐步增大的趋势，饲养规模在50~300只的小型养羊户和养殖小区的数量也有了较大幅度的增加。

第二节　当前养羊业存在的问题及前景

我国是发展中国家，发展养羊业是振兴地方经济，特别是边区、贫困地区的有效途径之一。目前，尽管养羊业的形式很好，需求很旺，但由于目前养羊业的生产水平落后，羊肉来源主要还是依靠宰杀老弱、淘汰母羊，处于"靠天吃饭"的状况。生产基础薄弱，出栏率、商品率、母羊的利用率都很低，养羊的效益不高。存在的问题主要有以下几方面。

一、当前养羊业存在的主要问题

（一）羊肉生产水平低

表现为：个体明显体重小，存栏羊只均提供羊肉少；人均占有羊肉量低，羊肉产量占肉类总量的比重低；优良品种数量与需求存在较大矛盾，品种利用混乱，缺乏长远规划；规模化、工厂化尚未建立，影响了科研成果和实用技术的应用，养羊业整体水平还很低；规模化饲养程度不高，肉羊育肥才刚刚起步，饲养标准制定滞后，疾病也制约着养羊业的发展。

（二）缺乏优良的舍饲肉用羊品种

发展舍饲肉羊产业是今后我国养羊业的主流，但到目前为止，我国尚未培育成一个专门化的肉用品种。国内一些产肉性能较好的品种，仍与国外的肉用羊品种有一定的差距，主要表现在生长速度、早熟性、肉的品质和繁殖性能等方面。目前，国内引进的国外肉羊品种，虽对我国的肉羊发展起了一定的作用，但仅是小范围的饲养和利用其杂交改良，改良羊的数量不足 50%，未形成规模化的杂交肉羊生产体系。

（三）饲养管理方式落后，生产水平低

传统的养殖方式仍是主要的饲养管理方式，"夏长秋肥冬瘦春死亡"的现象仍然存在。广大农区仍以分散养羊为主，饲养管理粗放，繁殖率、成活率低，个体生长慢，出栏率低，经济效益低。好的品种没有得到好的饲养方法，良种的生产性能没有充分发挥，效益不高。

（四）羊群结构不合理，杂交利用体系不健全

由于羊群中适龄母羊偏低，周转速度慢，出栏率低，使得饲养成本偏高。我国的地方羊品种大多没有经过选育，生产性能低，与专门化的肉羊品种杂交效果显著。由于目前杂交繁育体系未建立起来，使二元、三元杂交肉羊生产仍处于试验阶段，大部分养殖户还没有受益，这样远不能满足规模化肉羊生产的需求。

（五）疫病危害严重，防疫体系不健全

近年来个体养羊户发展较快，产品及羊只购销流通频繁，而基层防疫体系不健全，致使某些疾病有所发展。各种疫苗和药品在一些基层不能及时供应，使羊群死亡率提高，影响经济效益。

二、我国肉羊业的市场前景

近年来，随着人口增长和生活水平提高，牛羊肉消费持续增长，局部地区供求偏紧，市场价格持续上涨。从长远看，必须坚持国内基本自给的方针，着力提高牛羊肉生产能力。虽然目前我国牛羊肉生产面临的不利因素较多，但是通过转变发展方式，加快科技进步，加大投入力度，促进牛羊肉生产持续发展、保障市场稳定供给是可以实现的。

（一）牛羊肉消费需求增加

国家发改委于 2013 年 9 月 24 日公布了《全国牛羊肉生产发展规划》（2013—2020 年）。规划指出，"十一五"以来，我国羊肉消费需求增长较快。2010 年，我国人均羊肉消费量为 3.01 千克，比 2005 年增长 12%，年均增长 2.3%。目前，我国人均羊肉消费量是世界平均水平的 1.5 倍，特别是与欧美发达国家的消费水平差距较大。从今后一段时期看，随着人口增长、居民收入水平提高和城镇化步伐加快，羊肉消费总体上仍将继续增长，但增速会有所放缓。综合考虑我国居民膳食结构、肉类消费变化、羊肉价格等

因素，预计 2015 年全国人均羊肉消费量为 3.23 千克，比 2010 年增加 0.22 千克，年均增长 1.42%。

（二）局部地区羊肉供求矛盾突出

总体来看，我国羊肉消费供求基本平衡，但在牧区和穆斯林群众聚居区，羊肉供求较为紧张。新疆是国内主要的穆斯林群众聚居区之一，肉类消费以牛羊肉为主且不可替代，人均羊肉消费量是全国平均水平的 5 倍左右。由于近年来人口快速增长，加上因旅游开发、援疆计划等增加的外来人口，羊肉供求矛盾加剧，价格涨幅较大，需要从周边地区大量调入。随着对口援疆工作的深入推进，新疆外来人口将继续增加，到 2020 年羊肉需求还将刚性增长，保障羊肉供给面临较大压力。在广大农区，居民肉类消费差异不大，猪肉、禽肉及牛羊肉之间替代性强，同时该区域拥有丰富的玉米及秸秆资源，规模化和产业化发展潜力大，供求可实现基本平衡。

（三）羊肉价格持续上涨

2007 年下半年，受猪肉价格上涨的拉动，羊肉市场价格出现大幅上涨，12 月份羊肉价格为每千克 32 元，比年初上涨 33%。此后，羊肉价格继续较快上涨，从 2008 年的每千克 31 元涨至 2012 年的每千克 57 元，上涨了 84%。2013 年一季度，羊肉价格继续上涨，3 月份羊肉价格每千克 65.8 元，比上年同期上涨 12.7%，比 2012 年 12 月份上涨 4.7%。

羊肉价格上涨的主要原因：一方面，随着消费者生活水平提高，羊肉消费量稳步增长，近年来猪肉瘦肉精等食品安全问题频发，消费者食品安全意识增强，减少了猪肉消费，相应增加了羊肉消费量；另一方面，受养殖成本上升、母畜养殖效益偏低等多重因素的影响，全国肉羊存栏减少，产量增长减缓，个别年份略有下降，供求关系趋紧，局部地区出现羊肉供不应求。预计今后一段时期，随着消费需求增长拉动和生产成本进一步上升，羊肉价格仍将保持上涨态势。

（四）生产制约因素多

在资源环境约束方面，牧区草原退化严重，推行禁牧休牧轮牧和草畜平衡制度、转变草原畜牧业发展方式、保护草原生态环境的任务艰巨；农区土地资源紧缺，养殖场和饲草基地建设"用地难"问题突出。在良种繁育方面，我国自主培育的肉羊专用品种少，生产核心种群依赖进口，地方品种选育改良进展滞后、性能退化严重。在母畜存栏方面，母畜养殖周期长、效益比较低，养殖积极性不高，母畜存栏持续下降，已成为制约产业发展的主要瓶颈。"十一五"期间，全国能繁母羊存栏比"十五"期间下降了5.4%。在生产方式方面，肉羊以分散养殖为主体，2011年肉羊30只以下的散养比重达48.9%，规模养殖场大部分设施条件简陋，标准化生产水平低，散户和小型肉羊场比重份额较大。在疫病和自然灾害方面，局部地区羊布病等人畜共患病疫情回升，口蹄疫等重大动物疫病防控形势依然严峻；牧区雪灾旱灾频繁，牲畜暖棚、饲草料储备库等配套率低，抗灾能力较弱。

（五）后续发展有潜力

尽管当前肉羊生产面临诸多不利因素，但从长远看，发展羊肉生产仍有增长潜力，而且，小型肉羊场仍将在较长时间内保持较大的份额。羊肉消费增加，价格提升，有利于提高养殖效益，吸引越来越多的资本、技术和人才等资源进入牛羊产业。产业化龙头企业的发展壮大，"公司＋合作组织＋农户""公司＋基地"等经营模式的推广普及，有利于提高农户养殖水平和组织化程度，带动羊肉生产增产增效。国家肉羊产业技术体系形成，品种改良、舍饲圈养、饲草料调制、科学育肥等技术推广加强，羊肉生产的科技支撑作用将增强。随着国家综合国力的进一步增强，包括标准化规模养殖场建设在内的羊肉生产扶持政策力度不断加大，全国特别是西部牧区肉羊生产将加快转型，通过农牧结合、舍饲圈养等措施，促进肉羊生产持续稳定发展。

三、我国肉羊生产发展对策

（一）利用经济杂交发展肉羊生产

利用经济杂交的杂种优势进行肉羊生产是肉羊中最成功的经

验，我国利用国外引入的肉羊品种同本地羊杂交进行肉羊生产的试验研究始于 20 世纪 70 年代。在山羊生产中，1994 年我国引入有"肉羊之父"美称的波尔山羊，利用波尔山羊与本地母羊杂交，杂交后，F_1 代体型已趋向父本，体型大，增重快，产肉高且耐粗饲，大大提高了产肉量，大量试验证明，采用杂交方式提高绵羊、山羊的产肉性能是发展我国肉羊业的有效途径。

（二）积极推广当年羔羊育肥出栏

当前，肥羔羊生产在世界各国的羊肉生产中受到特别重视。羊的生长增重规律是前期快、后期慢，到 1.5~2 岁逐渐停止生长，羔羊出生后前 3 个月骨骼生长最快，4~6 个月肌肉和体重增长最快。应该利用羔羊生长发育快、饲料利用率高的特点，积极推广羔羊当年快速育肥出栏，获得大胴体，以产出更多的可食用部分比例和最佳产肉效果，提高经济效益。同时，由于羔羊肉肉质嫩、多汁、营养价值高而受到消费者的青睐。因此，无论从经济效益还是消费理念上说，肉羊生产中尤其肥羔集约化、专业化生产，将是肉羊业生产发展的必然趋势。

（三）舍饲养羊大势所趋

我国现有草原、草坡面积约 4 亿公顷，但 50% 以上严重沙化退化，载畜量下降，许多地方已到饱和超载，草地缺少休养、生息、恢复和再生的机会，植被破坏，生态恶化。近年来，随着国民经济的发展和人民生活的不断提高，畜牧业结构的不断优化升级，传统的养羊模式已不适应养羊业现代化生产的需求，"禁牧舍饲"保护生态，实现生产、生态双赢已是大势所趋。

（四）保持合理的羊群结构

羊群结构要以繁殖母羊为基础，按照适当比例配置性别、年龄和用途的羊，以利于组织再生产，降低成本，增加产品产量和经济效益。母羊应占羊群的 65%~70%，繁殖母羊的比例应占到母羊总数的 80%~85%。在自然交配的情况下，需要 3%~4% 的公羊和 1%~2% 的育成公羊。人工授精时，种公羊比例为 0.5%，育成羊及试情公羊比例为 2%~3%。

（五）增加科技投入，加速成果转化

根据当前肉羊业的发展现状，主要围绕提高羊肉产量和质量、羊肉及其产品精加工方面开展深入系统研究，对现行经济条件下养羊业的生产体系开展研究。与此同时，加强对现有科技成果的推广利用和转化，如肉羊品种及其配套技术，重点推广舍饲、实施现代化饲养技术，现代繁殖、育肥技术，优质高产饲料的种植、调制及加工技术等，并将研究成果组装集成和创新，使其发挥更大的作用，推广我国肉羊业生产水平向更高层次迈进。

（六）建立健全肉羊生产良种繁育体系

目前，我国已相继从国外引进多个专门化肉羊品种，所引进的肉羊品种除小范围的纯种选育和杂交优势利用外，不仅未形成规模化的杂交肉羊生产体系，而且尚未改变传统的饲养观念和方法。因此，今后我们工作的重点仍应放在良种繁育体系，根据我国现阶段肉羊生产现状和联合育种技术的需要，良种繁育体系应重点抓好原种场、种羊繁育场的建设，并结合杂交改良，积极推广羊人工授精，加快羊人工授精网站的建设，大力推广优秀种公羊的使用面。

（七）加强疫病防治

建立防疫体系：对羊群危害较大的布氏杆菌病、羊快疫、肠毒血症、疥癣等传染病，必须贯彻"防重于治"的方针，强化检疫，及时防治，为发展养羊生产创造良好的环境条件。从历史和现状看，我国肉羊业的发展再次处于矛盾重叠期，但随着居民生活水平的不断提高和食物消费结构的转换升级，对畜产品，特别是高蛋白、低脂肪肉类食物的需求与日俱增。同时在粮食安全日益受到关注的时代背景下，通过大量消耗粮食以换取畜产品的做法难以持续，因此，调整畜产品生产结构，大力发展"节粮型"草食家畜是当今及未来畜牧业的发展方向。从而，基于市场需求和畜牧业的发展方向来看，属于"节粮型"的肉羊业与现代农业的发展不存在绝对矛盾。

第三节 小型肉羊场的经营理念

一、小型肉羊场效益不高甚至赔钱的主要原因

（一）饲养肉羊品种不适宜

养肉羊能否多赚钱，首先取决于饲养的品种是否适宜。尽管所有的羊品种都可用于生产羊肉，但由于其生产方向不同，产肉效率相差很大。例如，早熟肉用品种羊的屠宰率高达 65%~70%，一般品种为 45%~50%，毛用细毛羊仅为 35%~45%。

（二）圈舍建造不合理

1.圈舍选址不合理

肉羊适宜生活在干燥、通风、凉爽的环境中。若将羊场场址选在低洼潮湿、排水不良、通风不畅的地方，这种潮热的环境势必对羊只健康和生产性能产生不利影响。有些羊场周围缺乏饲草饲料基地或饲草饲料来源，从其他地方运输饲草大大提高饲料成本，降低羊场的经济效益。有些羊场选址时忽略了防疫问题，将圈舍建到了疫区或环境污染严重的地方，导致羊场疫病的暴发和蔓延。

2.圈舍建筑类型不适宜

圈舍类型很多，如长方形羊舍、楼式羊舍、农膜暖棚式羊舍等。在建筑羊舍时，要根据当地的气候特点、饲养方式（是放牧为主，还是舍饲为主）及经营方向（提供种羊还是商品羊）等来确定建造不同类型的羊舍。例如，在我国南方，潮湿多雨，适宜建造楼式羊舍；在我国北方高寒地区，冬季气候寒冷干燥，在建造羊舍时首先要考虑圈舍冬季保暖问题，最好建造塑料薄膜暖棚羊舍；在气温变化较温和的地区，则可建造开放式或半开放式羊舍，这样既能满足羊的生活需要，又可节约建筑投资。

3.圈舍建造不合理

圈舍及运动场面积偏小，羊拥挤，空气污浊，易导致传染病的

发生和传播、发生异食癖、妊娠母羊由于挤撞而导致的机械性流产等现象；圈舍及运动场面积过大，则会造成土地的浪费和羊舍建筑成本的增加。圈舍窗户面积过小，采光和通风能力差，羊粪尿使地面潮湿泥泞而易发生腐蹄病；但圈舍窗户面积过大，则不利于冬季圈舍的保温。圈舍地面的建造应以便于清扫和羊舒适并重为原则。有的羊场为了便于清扫卫生，将羊舍地面建成水泥地面，但由于圈舍保温能力差，冬季舍内温度低，水泥地面很凉，羔羊卧在这样的冷地面上，极易发生痢疾等胃肠道疾病。饲槽是羊采食饲料的器具，要求有一定的宽度、高度和长度，截面呈"U"形。若将饲槽建成"V"形或倒梯形，饲槽底部则易形成死角，存积饲料羊采食不尽，会造成饲料的浪费，这些饲料在炎热夏季易腐败变质而造成病原菌通过饲料进行传播。每只羊应有足够的饲槽长度，若不够则会导致争食，致使体弱、个体小的羊采食不足，造成羊群发育不整齐，甚至有时出现羊只争食而致死、致残的现象。

（三）日粮营养不完善

1. 饲料种类单一

羊肉富含蛋白质、脂肪、矿物质及维生素，且羊肉中的赖氨酸、精氨酸、组氨酸、丝氨酸和酪氨酸等人体所必需氨基酸种类齐全，而肉羊所采食的饲料绝大多数是植物及其副产品，营养价值低且不完全，这就要求肉羊饲料种类必须丰富。羊常用饲料概括起来可分为植物性饲料、动物性饲料、矿物质饲料和特殊饲料四大类，其营养特点各不相同，因此肉羊饲料种类必须多样化。

2. 饲料品质差，缺乏必要的加工调制

粗干饲料是饲养肉羊的基本饲料，在农区主要以农作物秸秆为主。秸秆饲料质地粗硬、适口性差、营养价值低、消化利用率不高，直接用这种饲料喂羊，势必会降低肉羊的生产性能。为此，对饲料进行加工调制，提高适口性、采食速度、采食量和消化率是提高肉羊饲养效益的有效途径。例如，秸秆青贮可有效的保存青绿饲料的营养成分，一般青饲料晒干后养分损失30%~50%，而经青贮保存后仅损失10%左右，并且青贮饲料酸香可口、柔软多汁，可提高肉羊采食量和消化率。若在制做青贮饲料时加入适量尿素，还可提高青贮饲料的粗蛋白含量。又如，秸秆氨化可显著提高秸秆等粗饲料中的蛋白质含量，并且质地柔软、气味烟香、适口性好，可使家畜采食量和有机物消化率均提高 20% 以上。饲料加工调制方法很多，养羊场户应根据自己实际情况对品质较差饲料进行合理的加工调制。

3. 日粮配合不科学

日粮是肉羊一昼夜所采食的饲料饲草量。日粮配合就是根据肉羊的营养需要量和饲料的营养成分，选择几种饲料互相搭配，使日粮能够满足肉羊的营养需要。其目的是维持肉羊正常生命健康、生理活动及获得最佳的生产水平。肉羊生产实际中常见的问题是饲养管理粗放，有啥吃啥，不重视日粮的配合，不能满足不同生理时期肉羊对营养的需要量，结果导致生产性能低下，甚至导致一些营养性疾病的发生。例如，育肥日粮的精粗饲料比例一般以 45∶55 为优，若精饲料所占比例过低，则育肥效果不理想；若日粮中钙、磷比例失调，易引起尿结石症。处于不同生理时期的肉羊，对营养的需要量及种类要求不同。例如，对羔羊进行育肥，实际上包括羔羊生长和育肥两个过程。生长过程是肌肉和骨骼的生长过程，因此需要高蛋白质水平的日粮；肥育过程主要是脂肪的沉积过程，因此要求日粮中含有较高的能量水平。所以育肥羔羊要求其日粮必须是高蛋白质、高能量水平的日粮。对于成年羊育肥，由于主要是肥育过程，即脂肪沉积的过程，所以成年羊育肥的日粮以高能量和较低蛋白质水平为特征。

（四）肉羊育肥不科学

肉羊育肥是为了在短期内用低廉的成本获得质好量多的羊肉。若育肥技术不科学，势必降低肉羊育肥增重速度，增加育肥成本，降低肉羊育肥效益。

（五）繁殖技术不过关

肉羊繁殖技术不过关，在实际生产中主要表现为"一长、二低"，即产羔间隔时间长，母羊配种受胎率低和羔羊成活率低。例如，我国牧区和山区所饲养的羊品种，多为秋季发情配种，来年产羔，产羔间隔时间长达 1 年，若母羊当年未受孕，产羔间隔则延长为 2 年。由于产羔间隔时间长，育肥羔羊的繁殖成本提高，降低了肉羊的饲养效益。

（六）羊肉产品质量差

根据所宰杀羊的年龄，羊肉可分为大羊肉和羔羊肉。大羊肉是指宰杀 1 周岁以上的羊所获得的羊肉，羔羊肉是宰杀年龄在 1 周岁以下的羊所获得的羊肉。还有一种羊肉称肥羔肉，属于羔羊肉，是宰杀 4~6 月龄经育肥的羔羊所生产的羊肉。羔羊肉较大羊肉具有肌肉纤维细嫩、肉中筋腱少、胴体总脂肪含量低、易于消化等特点，因此国际市场羔羊肉的价格比大羊肉要高出 1 倍左右。可见，生产品质好的羔羊肉较生产品质差的大羊肉占有明显的价格优势。此外，羔羊肉生产还具有生长速度快、饲料报酬高、生产周期短、育肥成本低等优点。

（七）防疫制度不健全

肉羊生产中所发生的疾病可分为传染病、寄生虫病和普通病 3 类。传染病是由于病原微生物（如细菌、病毒、支原体等）侵入羊体而引起的疾病，若不及时防治常引起死亡。而且病羊具有传染性，病原微生物可从其体内排出，通过直接接触传染给其他羊，造成疾病的蔓延，若防治措施不当可使羊大批发病或死亡，造成严重经济损失。寄生虫病是由于寄生虫寄生于羊体，通过虫体对羊的器官、组织造成机械性损伤，夺取营养或产生毒素，使羊消瘦、贫血、营养不良而导致生产性能下降的疾病。寄生虫病虽不如传染病传播迅速，但具有侵袭性，也可使多数羊发病，从而造成重大的经济损失。普通病是由于饲养管理不当、营养代谢失调、误食毒物、机械损伤、异物刺激或其他外界因素（如温度、气压、光线等）影响所致。普通病没有传染性或侵袭性，多为零星发生，但肉羊误食有毒或霉变的饲料，也会引起大批发病，造成严重的经济损失。

二、小型肉羊场的盈利策略

（一）选择优良品种，建立健全良种繁育体系

1. 我国地方品种羊产肉性能与国外专门化肉羊品种相比存在很大差距

例如，我国绵羊品种中的乌珠穆沁羊在国内为优秀的肉脂兼用羊品种，6~7 月龄公、母羊体重分别为 39.6 千克和 35.9 千克，成年公、母羊体重分别为 74.4 千克和 58.4 千克，为我国大体型肉脂羊品种。但与国外肉用绵羊品种相比，仍存在很大差距。例如，原产于英国的萨福克肉用羊，7 月龄单胎公、母羔体重分别为 81.7 千克和 63.5 千克，成年公、母羊体重分别为 136 千克和 91 千克。可见，饲养高生长速度的肉羊品种较饲养低生长速度的肉羊品种经济效益必然会高很多。

2. 引入优良品种必须与当地气候和饲养方式相适应

在发展肉羊生产时，从外地引入良种，首先应考虑引入品种产地的气候条件、饲养方式与引入地是否相似。例如，山东小尾寒羊在原产地为舍饲圈养，不耐远牧和爬山，若将其引入山区和土种羊混群放牧饲养，山东小尾寒羊的高产羔率和高生长速度不但表现不出来，而且其生产性能甚至较本地羊还要低很多。

3. 开展经济杂交，利用杂种优势，提高本地羊品种的产肉性能

发展肉羊生产依靠大量引进专门化肉羊品种是不切合生产实际的，利用经济杂交的杂种优势进行肉羊生产，是肉羊中最成功的经验。应充分利用当地羊品种资源的优势，适当引入优种肉羊作父本，以本地羊品种作母本，开展经济杂交，是提高肉羊生产效率的一项行之有效的措施。

4. 发展肉羊生产不可盲目追求饲养高生长速度、大体型品种

饲养高生长速度的肉羊品种比饲养低生长速度的肉羊品种收益要高，但越是高产品种羊对饲草饲料条件和营养需要量要求越高，往往抗病力较本地品种羊低。因此，在选择所饲养的适宜肉羊品种时，应结合本场或本地的实际饲养条件来确定。

5. 建立肉羊良种繁育体系

有了良好的羊种，但没有完整的良种繁育体系，同样不能适应现代养羊生产的需要。目前，我国虽然在肉羊生产试点上已取得一定进展，但对全国肉羊生产来讲，肉羊的良种繁育体系尚未形成。因此，今后我们工作的重点仍应放在良种繁育体系的建设上。根据我国现阶段肉羊生产现状和联合育种技术的需要，良种繁育体系应重点抓好原种场、种羊繁育场的建设，并结合杂交改良，积极推广羊人工授精技术，加快羊人工授精网站的建设，大力推广优秀种公羊的使用面。同时要与肉羊生产基地结合，真正做到有试点、有示范、有推广面，点面结合的肉羊生产商品基地。

6. 保持合理的羊群结构

提高繁殖母羊比重。长期以来，我国的羊群结构一直处于不合理状态，母羊中能繁殖母羊比例低，一般在50%左右，羊群扩繁慢，经济效益低。羊群结构应以繁殖母羊为基础，按照适当比例配置公羊、幼龄羊，以利于组织再生产，降低成本，增加经济效益。

各种生产用途的羊群结构：毛肉兼用羊每群繁殖母羊应占60%~70%，毛用羊应为50%~60%，肉用羊不能低于60%，否则很难盈利。

（二）科学建造羊舍

羊舍是肉羊生活和生产的重要场所，是其采食、饮水、活动、排粪、睡眠的地方，与羊体健康和生产性能有着密切的关系。为了给肉羊创造适宜的环境条件，必须合理地设计和建造羊舍。若圈舍建造不合理，势必会降低肉羊饲养效益，甚至赔钱。

（三）合理配合肉羊日粮

饲料成本占肉羊生产总成本的比重最大，所以节约饲料可明显提高养羊经济效益。营养物质的消化吸收是按一定比例进行的，而且具有就低不就高的特点，当营养物质不平衡时，高出的部分就被浪费掉。所以在肉羊生产中，不仅要保证肉羊饲料种类的丰富和储量的充足，而且应根据肉羊的营养需要和饲料的营养成分合理配合肉羊日粮。

积极开展饲草、饲料的加工调制。无论羔羊繁殖和育肥，均须有充足的饲草饲料来源，要保证肥羔生产尤其需要有符合羔羊快速生长的优良草料。传统的养羊方式在放牧条件下，绵羊、山羊的饲草来源主要是天然草地、草山草坡中的自然植被，很少使用农副产品和精饲料补喂。根据羊的生物学特性及现代化肉羊生产的需要，首先要对天然草地进行人工改良，或种植人工牧草，在耕作制度和农业产业结构调整中实行三元结构，在青绿饲料丰富时重点放牧加补饲，在枯草期则可完全舍饲喂养加运动。为此，应加大秸秆类粗饲料的利用，研制秸秆类粗饲料的优良添加剂，使羊在枯草期能保证足够营养。

（四）科学育肥

1. 选择适宜的育肥方式

应结合当地的生产实际，选择适宜的育肥方式。例如，在草山草坡资源丰富而饲草品质优良的牧区，可利用青草期牧草茂盛、营养丰富和羊增膘速度快的特点进行放牧育肥，可将育肥所需饲料成本降为最低，是最经济的育肥方式；在缺乏放牧地而农作物秸秆和粮食饲料资源丰富的农区，则可开展舍饲育肥，这种育肥方式较放牧育肥尽管饲料和圈舍资金投入相对较高，但可按市场需要进行规模化、工厂化生产羊肉，使房舍、设备和劳动力得到充分利用，生产效率高，从而也可获得很好的经济效益；若放牧地区饲草条件较差，或为了提高放牧育肥羊的增重速度，则可采用放牧加舍饲的混合育肥方式。混合育肥较放牧育肥可缩短羊肉生产周期，增加肉羊出栏量和出肉量，较舍饲育肥可降低育肥成本，对于具有放牧条件和一定补饲条件的地区，混合育肥是生产羊肉的最佳育肥方式。

2. 科学管理育肥肉羊

对肉羊进行正式育肥前，还应彻底清扫和消毒羊舍，将育肥羊根据年龄大小、体况和来源等进行合理分组，并进行防疫注射、驱虫和编号，根据育肥肉羊品种、体重大小并结合市场需求确定育肥进度和育肥方案。例如，不同品种羊育肥增重速度不同，故育肥时期长短也不一致，一般细毛羔羊育肥在 8.0~8.5 月龄结束，半细毛羔羊育肥 7.0~7.5 月龄结束，肉用羔羊育肥 6.0~7.0 月龄结束。从育肥肉羊年龄划分，肉羊育肥可分为羔羊早期育肥、羔羊断奶育肥和成年羊育肥。由于不同同年龄育肥羊所需的营养需要量和增重指标的要求不同，因此必须进行科学的饲养管理。

3. 积极推广当年羔羊出栏

羊出栏率是养羊生产水平的一个重要标志。羊的生长增重规律是前期快、后期慢，到 1.5~2 岁时达到成熟，逐渐停止生长。应利用羔羊生长发育快和饲料报酬高的特点，积极推广羔羊当年出栏，是节省饲料、增加收入的有效途径。同时，还要配合羔羊育肥技术，使当年羔羊达到理想的屠宰数量。

（五）掌握肉羊繁殖技术，提高肉羊繁殖效率

养肉羊多赚钱，关键环节之一是掌握肉羊繁殖技术，提高肉羊繁殖效率。

采用繁殖新技术，将母羊的产羔间隔缩短为 8 个月，则可使母羊年繁殖羔羊效率提高 0.5 倍，而育肥羔羊的繁殖成本则可望降低 30%。同样，提高母羊配种受胎率和羔羊成活率也是降低育肥羔羊繁殖成本的有效途径。

（六）提高羊肉产品质量

当前世界羊肉生产的发展趋势是由以前生产大羊肉转向生产羔羊肉。我国近年来虽然羊肉总产量平均每年以 10% 左右的递增速度增长，但羊肉产品质量整体偏差，生产效率低，肉羊饲养的经济效益差。

（七）建立健全羊病的综合防疫制度

进行小规模的肉羊生产，必须建立适合于现代肉羊生产的疾病防治体系，研究肉羊的主要代谢疾病治疗和预防措施。

三、兴办小型规模肉羊场的手续办理

一般情况下，散养少量肉羊，不用办理什么手续。但要兴办一个小规模甚至中等规模肉羊养殖场，需要个人向村委会提出申请，并报乡镇同意后，到工商局办理工商登记预核手续（场名预核），

再到畜牧主管部门办理项目备案手续和环保局办理环境评估手续，然后到国土部门办理养殖用地备案手续。以上手续齐备后最后到畜牧兽医部门办理动物防疫合格证即可。

具体步骤如下。

① 撰写一份《养殖场可行性报告》，到国土局申请《土地规划许可证》。

② 持建设单位法人证明及相关行业营业执照（复印件）（个人经营者凭身份证到工商局申请办理《营业执照》），到检验检疫局办理《动物防疫条件合格与环保证明》。

③ 根据《农业部基本建设财务管理办法》《农业基本建设管理办法》建立完善的财务制度，再持《营业执照》及《财务制度》到税务局办理《税务登记证》。

④ 持《土地规划许可证》《营业执照》《动物防疫条件合格与环保证明》《税务登记证》等，到建设局申请《建设施工许可证》。

在以上 5 个证件办好之后，就可以按预定规划建造养殖场及附属房屋了。记得建好后还需报建设局和检验检疫局进行验收。

第二章
科学引种繁殖，向良种要效益

第一节　国外引进的主要肉羊品种

一、国外引进的主要绵羊品种

（一）德国美利奴羊

美利奴羊产于德国，主要分布在萨克森州农区。具有成熟早、生长发育快，适应能力强，耐粗饲等特性。它是用泊力考斯公羊和英国莱斯特公羊，同德国原产地的美利奴母羊杂交培育而成。

德国美利奴羊公母羊均无角，颈部及体躯皆无皱褶。体格大，胸深宽，背腰平直，肌肉丰满，后躯发育良好。被毛白色，密而长，弯曲明显（图2-1）。毛长公羊8~10厘米，母羊6~8厘米。细度60~64支，剪毛量公羊7~10千克，母羊4~5千克。净毛率40%~50%。成年公羊体重90~100千克，母羊60~65千克。羔羊生长发育快，日增重300~350克，130天可屠宰，活重可达38~45千克。胴体重18~22千克，屠宰率47%~49%。周岁前可配种，产羔率140%~175%。发情季节长。

图2-1　德国美利奴羊（选自贾志海《现代养羊生产》）

我国在20世纪50年代末和60年代初引入。除进行纯种繁殖外，曾与蒙古羊、西藏羊、小尾寒羊和同羊杂交，后代被毛品质明显改善，生长发育快，产肉性能良好。是育成内蒙古细毛羊的父系品种之一。对这一品种资源要充分利用，可用于改良农区、半农半牧区的粗毛羊或细杂母羊，增加羊肉产量。

（二）无角陶赛特羊

无角陶赛特羊产于澳大利亚与新西兰。该羊是以雷兰羊和有角陶赛特羊为母本，以考力代羊为父本，然后再用有角陶赛特公羊回交，并选择无角后代培育而成，是世界上有名的肉用羊品种。

无角陶赛特羊公母羊均无角，毛被及蹄质为白色。具有良好的肉用体型，背宽平而长，胸宽而深，后躯丰满（图2-2）。

图2-2　无角陶赛特羊

无角陶赛特羊具有早熟、生长发育快、肉用性能好的特点。成年公羊体重为90~100千克，母羊为55~65千克。在良好的饲养管理条件下，断奶体重达35千克以上，哺乳期日增重350克以上，4~6月龄羔羊平均日增重250克，6月龄体重45~50千克。母羊1年之内可多次发情，产羔率为120%~150%。

无角陶赛特羊适应性强，可以在我国的许多地方饲养。主要用于改良本地羊，提高羊的产肉性能。我国于20世纪80年代引进，经与小尾寒羊杂交后，杂一代6月龄公羊的胴体重为24.2千克，屠宰率为54.5%，净肉率为43.1%，效果十分明显。

（三）罗姆尼羊

罗姆尼羊是世界著名毛用绵羊的品种之一，原产于英国东南部的肯特郡罗姆尼和苏塞克斯地，故又称肯特羊（图2-3）。

因生态条件不同，各国罗姆尼羊的体型外貌有一定差异。英国罗姆尼羊四肢较高，体躯长而宽，后躯比较发达，头形略狭长，头、四肢羊毛覆盖较差，体质结实，骨骼坚强，游走能力好。新西兰姆罗尼羊的肉用体型好，四肢短矮，背腰宽平，体躯长，头和四肢羊毛覆盖良好，但放牧游走能力差。澳大利亚罗姆尼羊介于两者之间。

我国饲养的罗姆尼羊，分别引自英国、新西兰和澳大利亚，其生产性能如下。

图2-3 罗姆尼成年羊（左公、右母）

1. 英国罗姆尼羊

成年羊体重公羊80千克，母羊41千克。剪毛量，成年公羊7千克，母羊3.5千克。毛长成年公羊13厘米，母羊11.5厘米。毛细50~60支，净毛率45.5%~53%。产羔率104.6%。

2. 新西兰罗姆尼羊

成年羊体重公羊77.5千克，母羊43千克。剪毛量成年公羊7.5千克，母羊4千克。毛长成年公羊15厘米，母羊12.5厘米。毛细44~46支，净毛率58%~60%。产羔率106%。

3.澳大利亚罗姆尼羊

成年羊体重公羊87千克，母羊43千克。剪毛量成年公羊7.23千克，母羊3.5千克。毛长公羊15.5厘米，母羊13厘米。净毛率60%。产羔率105.5%。

（四）边区莱斯特羊

边区莱斯特羊产于英国北部苏格兰的边区地区，具有早熟、肉品质好、繁殖力强，羊毛长、有光泽的特性。用莱斯特公羊与山地雪维特品种母羊杂交培育而成，1860年为与莱斯特羊相区别，称为边区莱斯特羊。

边区莱斯特羊体躯长，背宽平，头白色，公、母羊均无角，鼻梁隆起，两耳竖立，头部及四肢无羊毛覆盖（图2-4）。成年公羊体重90~100千克，成年母羊为60~70千克，产毛量公羊为5~6千克，母羊为3~3.5千克。毛长20~25厘米，净毛率60%~65%，细度44~48支。性成熟早，具有较高的繁殖率，产羔率150%~200%。

图2-4 边区莱斯特羊（选自冯维祺《肉羊高效益饲养技术》）

用边区莱斯特公羊与细毛羊品种和其他品种母羊杂交，能培育出产毛、产肉性能优良的后代。

（五）考力代羊

考力代羊原产于澳大利亚和新西兰，具有肉和毛相结合及早熟的特点，分布于东北三省、内蒙古、山西、安徽、山东、贵州、云南等地。

考力代羊胸宽深，背腰平直，体躯呈圆桶状，肌肉丰满，结构匀称，四肢端正。头宽不大，额上盖着毛，公、母羊无角，头、耳、四肢带有黑斑点，嘴唇及蹄为黑色。颈短粗，皮肤无皱褶。其中澳大利亚系考力代羊体格大些，毛被较松散；新西兰系考力代羊腿较短，毛被紧密（图2-5）。

图2-5　考力代羊（左公、右母）

考力代羊剪毛量，成年公羊平均为9.2千克，成年母羊平均为6.1千克。毛长，成年公羊为10.7~13.8厘米，成年母羊为11.4~11.7厘米，羊毛细度50~56支。净毛率，成年公羊平均为36.9%，成年母羊平均为42.7%。

羔羊生长发育快，考力代羊成年公羊平均体重为82.5千克，成年母羊为52.5千克。具有早熟性，产羔率可达110%~130%。

（六）萨福克羊

萨福克羊是世界上著名的肉用绵羊品种，是改良我国本地绵羊、提高产肉性能的理想品种，具有早熟、产肉多、肉质好、屠宰率高的特点，是当今主要的肉羊终端品种。且体质结实，耐粗饲，放牧性好，适应性强，生长发育快，蹄质结实，不易患蹄病。

　　萨福克羊公、母羊均无角，头部与四肢为黑色，毛被白色。颈短粗，胸宽深，背腰平直，肌肉丰满，后躯发育好，肉用体型非常明显（图2-6）。

图2-6　萨福克羊

　　萨福克羊年剪毛量成年公羊5~6千克，成年母羊3~4千克，毛长7~9厘米，细度50~58支，净毛率62%。成年公羊体重80~130千克，母羊59~91千克。4月龄单羔公母羊体重可达56.7千克和52.2千克，胴体重可达24.2千克和19.7千克。7月龄单羔公母羊体重可达81.7千克和63.5千克。产羔率为130%，母羊哺乳性能好，羔羊成活率高。

（七）夏洛莱羊

　　夏洛莱羊产于法国中部的夏洛莱丘陵和谷地，是世界著名的肉用羊品种，是改良本地绵羊、提高产肉性能的理想品种。

　　夏洛莱羊公、母均无角，头部无毛，脸部呈粉红色或灰色，被毛同质，白色。额宽、耳大、颈短粗、肩宽平、胸宽而深，肋部拱圆，背部肌肉

图2-7　夏洛莱羊（选自贾志海《现代养羊生产》）

发达，体躯呈圆桶状，后躯宽大。两后肢距离大，肌肉发达，呈"U"字形，四肢较短（图2-7）。

公羊体重为100~150千克，母羊为75~95千克。10~30日龄单胎羔羊日增重为270~285克，双胎羔羊为220~230克。30~70日龄单胎羔羊日增重为280~325克，双胎羔羊为274~278克。70日龄单胎羔羊活重可达24.9~26.5千克，双胎羔羊为21.2~22.3千克。7月龄公羔羊体重为50~55千克，母羔羊为40~45千克。净肉率达55%以上。性成熟早，7~10月龄即可配种，产羔率高，经产母羊为182%，初产母羊为135%。

（八）杜泊羊

杜泊羊肉用绵羊原产于南非，是由有角陶赛特羊和波斯黑头羊杂交育成，具有增重速度快，胴体品质好、适应性强、母性好的特性。

杜泊羊颈粗短，肩宽厚，背平直，肋骨拱圆，前胸丰满，后躯肌肉发达。四肢强健而长度适中，肢势端正。头顶部平直、长度适中，额宽，鼻梁隆起，耳大稍垂，既不短也不过宽。头部无毛，被毛粗短，毛色洁白。黑头杜泊羊的头部为黑色，其他部位均为白色。杜泊绵羊分长毛型和短毛型两个品系（图2-8）。

图2-8 杜泊羊

杜泊羔羊生长迅速，断奶体重大。成年公羊的体重为90~100千克，母羊为75~90千克。在良好的饲养管理下，哺乳期日增重350克以上，断奶重32千克以上。根据饲养地的不同，发情期主要在当年的 8 月至翌年的 5 月。母羊可达到 2 年 3 胎，一般产羔率能达到 150%~180%。

二、国外引进的肉用山羊品种

主要介绍波尔山羊。该品种原产于南非，作为种用，已被非洲许多国家以及新西兰、澳大利亚、德国、美国、加拿大等国引进，具有很好的肉用特征、广泛的适应性、较高的经济价值和显著的杂交优势。波尔山羊毛色为白色，头颈为红褐色，并在颈部存有一条红色毛带。波尔山羊耳宽下垂，被毛短而稀。头部粗壮，眼大、棕色；口腭结构良好；额部突出，曲线与鼻和角的弯曲相应，鼻呈鹰钩状；角坚实，长度中等，公羊角基粗大，向后、向外弯曲，母羊角细而直立；有髯；耳长而大，宽阔下垂（图 2-9）。

图 2-9 波尔山羊（选自贾志海《现代养羊生产》）

成年波尔山羊公、母羊的体高分别达 75~90 厘米和 65~75 厘米，体重分别为 95~120 千克和 65~95 千克，屠宰率较高，平均为 48.3%。

波尔山羊属非季节性繁殖家畜，一年四季都能发情配种产羔。母羊 6 月龄成熟，秋季为性活动高峰期，而春夏季性活动较少。产羔率为 160%~200%。一般每 8 个月产 1 胎。

波尔山羊抗病力强，不感染蓝舌病，不发生氢氰酸中毒，很少感染肠毒血症。我国于 1994 年引入，除进行纯种繁育还进行了杂交改良，效果明显。

三、国内肉用性能较好的绵羊品种

（一）小尾寒羊

小尾寒羊具有多胎、全年发情、体格高大、生长发育快的特点，是我国绵羊品种中产羔率最高的品种，是农区可以选用的优良品种之一。

小尾寒羊属于短脂尾羊，其祖先是北方草原地区迁徙过来的蒙古羊。这种迁徙羊在产区优越的自然条件下，经过长期的人工选育与精心饲养，培育成了现今的小尾寒羊。产区属于黄淮冲积平原，地势较低，土壤肥沃，气候温和，年平均气温为 13~15℃，年降水量为 500~900 毫米，无霜期为 160~240 天。在这种自然条件下，该区农作物可 1 年 2 熟或 2 年 3 熟，是我国小麦和经济作物的主要产区，农副产品丰富，可为养羊提供大量的饲草、饲料，小尾寒羊就是在这种优越条件下形成的。小尾寒羊需要精细管理，分散饲养，舍饲为主，放牧为辅，而放牧又以拴牧和牵牧为主要形式。在靠近湖泊、河流的滩地，可联户小群放牧。

小尾寒羊毛被白色，体质结实，四肢较长，躯体较高，前后躯较发达，脂尾短。头长，颈长，鼻梁隆起，耳大下垂，个别羊在头

图 2-10　小尾寒羊公羊（左）、母羊（右）

部的耳和眼圈周围有黑色或褐色斑点。公羊有角，呈三棱形螺旋状，母羊半数有角（图2-10）。

小尾寒羊年剪毛2次，平均剪毛量公羊为3.5千克，母羊为2.1千克。毛被属异质毛，由粗死毛、两型毛及绒毛组成。其重量比分别为22.8%、10.1%和67.1%；毛长为11.5~13.3厘米。产肉性能较好，成年公羊体重为94千克，母羊为48.7千克。12月龄公羊体重60.8千克，母羊的体重为41.3千克。6月龄和12月龄羊的产肉性能见表2-1。

表2-1 小尾寒羊产肉性能

性别	月龄	只数	胴体重（千克）	屠宰率（%）	净肉率（%）
公	6	10	17.60 ± 0.91	47.58 ± 0.17	37.17 ± 0.15
	12	10	33.39 ± 1.93	52.50 ± 0.23	41.83 ± 0.20
母	6	18	15.79 ± 0.65	56.60 ± 0.39	46.20 ± 0.70
	12	18	31.41 ± 0.88	61.63 ± 0.43	51.71 ± 0.55
羯	6	18	18.29 ± 0.54	56.57 ± 0.28	47.43 ± 0.53
	12	18	35.15 ± 1.03	61.54 ± 0.27	51.12 ± 0.81

小尾寒羊性成熟早，母羊5~6月龄即可发情，当年可产羔；公羊7~8月龄可用于配种。母羊四季发情，多集中于春秋两季，可1年2胎或2年3胎，大多数1胎产2羔，最多一胎可产7羔，平均产羔率为260%。

小尾寒羊裘皮毛股清晰，呈波浪形或螺旋形弯曲，花形美观。

小尾寒羊是在当地良好的饲养管理条件下培育而成的地方优良品种，体格较大，适宜在舍饲条件下饲养，不适宜放牧，特别是在山区更不适宜放牧。

小尾寒羊是我国宝贵的地方优良品种，也是世界上少有的品种。其主要特点有如下几个方面：一是产羔率高，平均产羔率为260%，是我国其他绵羊品种所不能达到的；二是性早熟，在良好的饲养管理条件下，羔羊当年可以配种产羔；三是生长发育快，周岁羊的体尺指数可达成年羊的87.85%~93.98%；四是毛被为异质毛，体格大，羊皮大，制革性能好，在市场中有较强的竞争力。

但是，小尾寒羊也有不足之处，其主要表现在以下几个方面：一是不适宜爬坡放牧；二是对饲草的挑剔性比一般绵羊大，在同样的饲草地采食的牧草种类比其他羊少；三是对营养的需求量大，在放牧的基础上要进行补饲，并且需补充一定量的精饲料，饲养成本高；四是对小尾寒羊的羔羊如不进行特殊的饲养管理，羔羊的成活率较低，体重增加较慢，多产不能多得；五是肉用体型不明显，普遍表现为体格大、消瘦、出肉率低、肉质差。因此，对于一个品种要全面正确地认识，必须和本地的生态条件和饲养管理水平结合起来，采取相应的管理措施，才会取得理想的效果。

（二）大尾寒羊

大尾寒羊原属寒羊的大尾型，脂肉性能好，属农区绵羊品种。产区为华北平原的腹地，属典型的温带大陆性季风气候，冬季寒冷干燥，夏季炎热多雨。长期以来，受中原地区优越的自然生态环境的影响，当地群众对公母羊进行有意识的选择，使大尾寒羊形成了具有毛被基本同质、裘皮品质好的大脂尾的特点。

大尾寒羊性情温驯。鼻梁隆起，耳大下垂，产于山东、河北地区的公母羊均无角，河南的公羊、母羊有角。前躯发育较差，后躯比前躯高，因脂尾庞大肥硕下垂，而使尻部倾斜，臀部不明显。四肢粗壮，蹄质坚实。体躯毛被大部分为白色，杂色斑点少（图2-11）。

图2-11　大尾寒羊公羊（左）、母羊（右）

大尾寒羊成年公羊体重为 72.0 千克，母羊为 52.0 千克。成年公羊脂尾重一般为 15~20 千克，最重的可达 35.0 千克。大尾寒羊具有屠宰率和净肉率高的特点。据报道，一岁公羊、母羊的屠宰率平均为 55.0%~64.0%，净肉率为 46.0%~48.0%。2~3 岁的屠宰率公羊为 62.0%~69.0%，净肉率为 46.0%~57.0%。

大尾寒羊母羊 5~7 月龄、公羊 6~8 月龄性成熟。母羊初配年龄为 10~12 个月。母羊一年四季发情，一年两胎或两年 3 胎。产羔率为 185.0%~205.0%。

（三）阿勒泰羊

阿勒泰羊主要产区为新疆北部阿勒泰地区的福海、富蕴、青河等地，分布在阿勒泰、布尔津、吉木乃及哈巴河等县，约有 130 万只。耐粗饲，善游牧，在全年放牧条件下具有较高的产肉性能，并具有良好的早熟性，是一个很有价值的地方良种。

阿勒泰羊体型外貌似哈萨克羊。耳大下垂，公羊鼻梁隆起，具有大的螺旋形角；母羊鼻梁稍隆起，多数羊有角。胸深宽、背平直、腿高而结实，肌肉发育良好，股部肌肉丰满，臀脂发达。母羊乳房大而发育良好。毛色主要为棕红色，部分个体头部呈黄色或黑色，体躯多有花斑，纯黑和纯白羊较少（图 2-12）。

图 2-12 阿勒泰羊公羊（左）、母羊（右）

阿勒泰羊年剪毛量两次，成年公羊年剪毛量为 2.0 千克，母羊为 1.6 千克。毛质较差，用以擀毡，被毛异质，由绒毛、两型毛、粗毛、干死毛组成。

1.5 岁、成年公羊秋季体重为 69.8 千克和 93.0 千克，母羊为 55.3 千克和 67.6 千克。阿勒泰羊 3~4 岁羯羊秋季宰前体重平均为 74.7 千克，胴体重为 39.5 千克，屠宰率为 52.88%，其中脂臀重为 7.1 千克，占胴体重的 17.97%。5 月龄羯羊宰前重为 36.3 千克，为成年羯羊的 48.92%，胴体重为 19.1 千克，为成年羯羊的 48.41%，其中，脂臀重为 3 千克，屠宰率为 52.6%，脂臀占胴体重的 15.48%。

阿勒泰羊 1.5 岁初次配种。多在 11 月上旬配种，翌年 4 月上旬产羔，也有的羊在 9 月配种，翌年 2 月产羔。一般每只母羊年产 1 羔，多为单胎，产羔率为 110%。

阿勒泰羊耐粗饲，善游牧，在全年放牧条件下具有较高的产肉性能，并具有良好的早熟性，是一个很有价值的地方良种。今后阿勒泰羊的生产方向主要为肉用生产，应考虑引进外来肉用羊的血统，并充分利用羔羊生长快和夏季牧草丰盛、营养充分的条件组织肥羔生产。

（四）乌珠穆沁羊

乌珠穆沁羊为优良的肉脂粗毛羊品种，产于内蒙古自治区锡林郭勒盟东部的乌珠穆沁草原。主要分布于东乌珠穆沁旗和西乌珠穆沁旗，阿巴嘎旗部分地区也有分布。

乌珠穆沁羊体质结实，体格较大，体躯宽而深，胸围较大，背腰宽平，体躯较长，后躯发育良好，肉用体型比较明显，四肢粗

图 2-13　乌珠穆沁羊公羊（左）、母羊（右）

壮，额中等长，额稍宽，鼻梁微凸，公羊有角或无角，母羊多无角。尾肥大，尾宽稍大于尾长，尾中部有一纵沟，稍向上弯曲。毛色以黑头羊居多，头或颈部黑色者约占62%，全身白色者约占10%（图2-13）。

乌珠穆沁羊每年春秋季各剪毛1次。春季成年公羊剪毛量为1.9千克，成年母羊剪毛量为1.4千克。毛被属异质毛，由绒毛、两型毛、粗毛及干死毛组成，净毛率为72.3%。

乌珠穆沁羊成年公母羊体重为74.43千克和58.4千克。在全年放牧条件下，成年羯羊秋季宰前平均体重为60.13千克，胴体重为32.2千克，净肉重为22.5千克，屠宰率53.55%，净肉率为37.42%，内脏脂肪及尾脂重为5.87%，脂肪率为9.76%。6月龄羯羊宰前重为35.7千克，胴体重为17.9千克，屠宰率为50.14%，净肉重为11.8千克，净肉率为33.05%，内脏脂肪及尾脂重为2.55千克，脂肪率为7.15%。

乌珠穆沁羊母羊泌乳性能较好，除正常哺乳羔羊外，每天可挤奶0.4千克，挤奶期为1.5~2个月。适宜繁殖年龄为1.5~7岁，母羊1年1胎1羔，产羔率为110.35%。母羊奶性好，在大群放牧条件下成活率达95%~97%。

乌珠穆沁羊适应性强，耐粗饲，表现在4个方面：一是善游走，放牧中可日行走15~20千米；二是耐粗饲，善于扒雪吃草，适于天然草场放牧饲养；三是耐渴特点明显，秋季抓膘时可以几天、十几天不饮水；四是抓膘性能好，在夏季放牧抓膘期日增重可达500克左右。除此之外，还具有肉毛产量高、生长发育快、成熟早、肉质细嫩的特点，为肉脂生产性能较好的肉毛兼用粗毛羊品种。

（五）蒙古羊

蒙古羊原产于蒙古高原，在我国主要分布在内蒙古自治区，在东北、华北、西北地区也有相当数量的分布。具有生活力强、善游牧、耐旱、耐寒等特点，并具有较好的产肉脂性能，分布广，数量多，是我国3大粗毛绵羊品种之一。

蒙古羊体质结实，骨骼健壮。头形略显狭长，鼻梁隆起，耳大下垂。公羊大多有角，母羊多数无角或有小角。颈长短适中，胸深，肋骨不够开张，背腰平直，体躯稍长，四肢强健。短脂尾，尾尖卷曲呈"S"形，尾长大于尾宽。体躯毛被多为白色，头、颈与四肢则多有黑色或褐色斑块，全身纯白的数量不多（图2-14）。

图2-14　蒙古羊公羊（左）、母羊（右）

蒙古羊属粗毛羊，毛被为异质毛，由粗毛、两型毛和绒毛组成，另外还有少量的干死毛。一般于春秋季2次剪毛，全年剪毛量成年公羊为1.5~2.2千克，成年母羊为1~1.8千克。其中春季所剪的春毛质量好，毛长6.5~7.5厘米，剪毛量也高。

蒙古羊的产肉性能较好，成年羯羊宰前体重为67.6千克，胴体重36.8千克，屠宰率为54.3%，净肉重为27.5千克，净肉率为40.7%，肉脂重4.4千克，尾脂重3.1千克。1.5岁羯羊相应指数分别为51.6千克、26.2千克、50.6%、19.5千克、37.7%、2.1千克和2.2千克。6月龄羯羔相应指数分别为35.2千克、16.3千克、46.31%、12.2千克、34.66%、1.9千克和1.4千克。

蒙古羊的年产1胎，有胎1羔，双羔者很少，产羔率为105%左右。

（六）兰州大尾羊

兰州大尾羊产于甘肃兰州市郊区，多集中在城关区和七里河区，安宁区、西固区、红古区和榆中县有少量分布。具有生长发育快、易肥育、肉脂率高、肉质鲜嫩等特点。

兰州大尾羊被毛纯白，头大小中等，公母羊均无角，耳大略向前垂，眼圈淡红色，鼻梁隆起，颈较长而粗，胸宽深，背腰平直，肋骨开张良好，臀部略倾斜，四肢相对较长，体型呈长方形。脂尾肥大，方圆平展，自然下垂达飞节上下，尾中有沟将尾部分为左右对称两瓣，尾尖外翻，紧贴中沟，尾面着生被毛，内面光滑无毛，呈淡红色（图2-15）。

图2-15 兰州大尾羊公羊（左）、母羊（右）

兰州大尾羊羔羊生长发育快。断奶体重公羔平均为29.6千克，母羔为25.2千克。周岁公羊平均为53.1千克，母羊为42.6千克。成年公羊平均体重为57.89千克，母羊为44.35千克。成年羯羊胴体平均净肉重为22.4千克，净肉率为42.67%。10月龄羯羊胴体平均净肉重为15.0千克，净肉率为40.65%。

兰州大尾羊性成熟早，公羔为9~10月龄，母羔为7~8月龄。母羊初配年龄一般为1~1.5岁，饲养条件好的母羊全年均可发情，大多数集中在8月上旬至10月中旬。产羔率为117.0%。在良好的饲养条件下，有的母羊两年可产3胎。

（七）广灵大尾羊

广灵大尾羊主要产于山西省大同地区的广灵县，主要分布在山西省最北部的广灵、浑源、阳高、怀仁县和大同市等地。具有生产快、成熟早、脂尾大、产肉力高、肉质好、羊毛品质好、耐粗饲、适应性强的特点，为肉脂绵羊品种。

广灵大尾羊头中等大、耳略下垂。公羊有角，呈螺旋状，母羊无角。颈细而圆，体呈长方形，四肢坚强有力。脂尾呈方圆形，宽度略大于长度，多数小尾尖向上翘起。成年公羊尾长 21.84 厘米，尾宽 22.44 厘米，尾厚 7.93 厘米。母羊尾长 18.69 厘米，尾宽 19.35 厘米，尾厚 4.5 厘米。毛色纯白，杂色者很少。毛被异质，有明显的毛股结构（图 2-16）。

图 2-16　广灵大尾羊（选自《山西省家畜家禽品种图谱》）

当地群众习惯于 1 年 2 次收毛，即春秋季剪毛。成年公羊的产毛量为 1.39 千克，母羊为 0.83 千克；周岁公羊为 1.06 千克，母羊为 1.21 千克。羊毛为异质毛，外层毛股长为 7.5 厘米，绒毛长为 4.4 厘米。

广灵大尾羊脂肪多积蓄在尾部，肉的颜色呈玫瑰色，膻味小。由于成熟早，产肉力高，绝大多数当年羯羊屠宰率在 50% 以上。据测定（平均指数），中等膘情的成年羯羊，屠宰前的体重为 44.3 千克，屠宰率 52.3%，净肉重 15.7 千克，净肉率 35.9%，脂尾重 2.8 千克。性成熟为 6~8 月龄，初配年龄为 1.5~2 岁，春夏秋冬均可发情配种。产羔率较低，为 102%。在良好的饲养管理条件下，可 1 年 2 产或 2 年 3 产。

四、国内肉用性能较好的山羊品种

（一）南江黄羊

南江黄羊产于四川省南江县，不仅具有性成熟早、生长发育快、繁殖力高、产肉性能好、适应性强、耐粗饲、遗传性稳定的特点，而且肉质细嫩、适口性好、板皮品质优。南江黄羊适宜于农区、山区饲养。

南江黄羊头大小适中，耳大长直或微垂，鼻微拱，有角或无角；体躯略呈圆桶形，颈长度适中，前胸深广，肋骨开张，背腰平直，四肢粗壮。南江黄羊被毛黄褐色，毛短而富有光泽，面部毛色黄黑，鼻梁两侧有一对称的浅色条纹，从头顶部至尾脊有一条宽窄不等的黑色毛带，公羊颈部及前胸着生黑黄色粗长被毛（图2-17）。

图2-17 南江黄羊（选自冯维祺《科学养羊指南》）

南江黄羊成年公羊体重50~70千克，母羊34~50千克。公羔、母羔平均初生重为2.28千克，2月龄体重公羔为9~13.5千克，母羔为8~11.5千克。8月龄羯羊平均胴体重为10.78千克，周岁羯羊平均胴体重15千克，屠宰率为49%，净肉率38%。

南江黄羊性成熟早，3~5月龄初次发情，母羊6~8月龄体重达25千克开始配种，公羊12~18月龄体重达35千克参加配种。成年母羊四季发情，发情周期平均为19.5天，妊娠期148天，产羔率200%左右。

（二）马头山羊

马头山羊产于湖南省常德、黔阳等地区和湖北省十堰、恩施等地区，是国内山羊地方品种中生长速度较快、体型较大、肉用性能最好的品种之一。

马头山羊体形呈长方形，结构匀称，骨骼坚实，背腰平直，肋骨开张良好，臀部宽大，稍倾斜，尾短而上翘。乳房发育尚可。四肢坚强有力，行走时步态如马，频频点头。公羊、母羊均无角，头较长，大小中等，马头山羊皮厚而松软，毛稀无绒。毛被白色为主，有少量黑色和麻色（图2-18）。

图2-18 马头山羊公羊（左）、母羊（右）

成年公羊体重43.81千克，成年母羊33.7千克，羯羊47.44千克；幼龄羊生长发育快，1岁羯羊体重可达成年羯羊的73.23%。1岁羯羊胴体重14.2千克，屠宰率54.1%。马头山羊性成熟早，5月龄性成熟，适宜配种月龄一般在10月龄左右；四季发情，一般年产两胎或两年产3胎，产羔率为190%~200%。马头山羊羯羊肥育快，羔羊早期肥育效果好，屠宰率和净肉率高，肉质好，繁殖力高，恋羔性强，性温驯，合群性强，皮板品质好。

（三）陕南白山羊

陕南白山羊产于陕西南部地区，分布于汉江两岸的安康、紫阳、旬阳、白河、西乡、镇巴、平利、洛南、山阳、镇安等县。具有早熟、抓膘能力强，产肉力好的特点。

陕南白山羊头大小适中，鼻梁平直。颈短而宽厚。胸部发达，肋骨拱张良好，背腰长而平直，腹围大而紧凑。四肢粗壮。尾短小上翘。毛被以白色为主，少数为黑、褐或杂色。陕南白山羊分短毛和长毛两个类型。短毛型又分为有角和无角两个类型（图2-19）。

图2-19　陕南白山羊公羊（左）、母羊（右）

陕南白山羊成年公羊平均体重为33.0千克，成年母羊为27.3千克。产肉性能6个月龄的羯羊屠宰前体重平均为22.17千克，胴体重为10.10千克，屠宰率为45.56%；1岁半的羯羊屠宰前平均体重35.27千克，胴体重为17.84千克，屠宰率50.58%。

陕南白山羊性成熟早，母羊初配年龄在8~12月龄。发情多集中在5~10月，繁殖率强，产羔率为259%。

陕南白山羊皮板品质好，致密富弹性，拉力强，面积大，是良好的制革原料。长毛型羊每年3~5月和9~10月各剪毛一次，不抓绒。成年公羊剪毛量平均为（320±60）克，成年母羊平均为（280±70）克。山羊胡须和羊毛是制毛笔和排刷的原料。

（四）成都麻羊

成都麻羊分布于四川成都平原及其附近丘陵地区，目前引入河南、湖南等省，具有生长发育快、早熟、繁殖力高、适应性强、耐湿热、耐粗放饲养、遗传性能稳定等特性，尤以肉质细嫩、味道鲜美、无膻味及板皮面积大、质地优为显著特点。

成都麻羊头中等大小，两耳侧伸，额宽而微突，鼻梁平直，颈长短适中，背腰宽平，尻部倾斜，四肢粗壮，蹄质坚实。体格较小，全身被毛呈棕黄色，色泽光亮，为短毛型，腹下浅褐色，两颊各具一浅灰色条纹。有黑色背脊线，肩部亦有黑纹沿肩胛两侧下伸。四肢及腹部毛长（图2-20）。

图 2-20　成都麻羊公羊（左）、母羊（右）

成年公羊 43.02 千克，母羊 32.6 千克；周岁羯羊胴体重 12.15 千克，净肉重 9.21 千克，屠宰率 49.66%，净肉率 75.8%；成年羯羊上述指标相应为 20.54 千克、16.25 千克、54.34% 和 79.1%。

成都麻羊一般公羔在 8~10 月龄、母羔 8 月龄以上，即体重达成年羊体重 80% 左右可开始配种，常年发情，每年产两胎，妊娠期 142~145 天，一产的产羔率为 205.91%。

（五）雷州山羊

雷州山羊产于广东省雷州半岛和海南省，以产肉、板皮而著名的地方山羊品种。具有成熟早，生长发育快，肉质和板皮品质好，繁殖率高，是我国热带地区的优良山羊品种。

雷州山羊体质结实，面直，额稍凸，公羊、母羊均有角，公羊角粗大，角尖向后方弯曲，并向两侧开张，耳中等大，向两边竖立

图 2-21　雷州山羊公羊（左）、母羊（右）

开张，颌下有髯。公羊颈粗，母羊颈细长，颈前与头部相连处较狭，颈后与胸部相连处逐渐增大。背腰平直，乳房发育良好，多呈球形。毛色多为黑色，角蹄则为褐黑色，也有少数为麻色及褐色。麻色山羊除被毛黄色外，背浅、尾及四肢前端多为黑色或黑黄色，也有在面部有黑白纵条纹相间，或腹部及四肢后部呈白色（图2-21）。

雷州山羊体重，成年公羊平均为54.1千克，母羊平均为47.7千克，屠宰率为50%~60%，肉味鲜美，纤维细嫩，脂肪分布均匀，膻味小。雷州山羊板皮具有皮质致密、轻便、弹性好、皮张大的特点，熟制后可染成各种颜色。

性成熟早，4月龄即可性成熟，11~12月龄即可初配，产羔率为150%~200%。根据体型将雷州山羊分为高脚种和矮脚种两个类型。矮脚种多产双羔；高脚种多产单羔。

（六）贵州白山羊

贵州白山羊原产于黔东北乌江中下游的沿河、思南、务川等县，分布在贵州遵义、铜仁两地，黔东南苗族侗族自治州、黔南布依族苗族自治州也有分布。具有产肉性能好、繁殖力强、板皮质量好等特性。

贵州白山羊公羊母羊均有角，角向同侧后上方扭曲生长；有须，腿较短，背宽平，体躯较长、大、丰满，后躯发育良好；头宽额平，颈部较圆，部分母羊颈下有一对肉垂，胸深，背宽平，体

图2-22 贵州白山羊公羊（左）、母羊（右）

躯呈圆桶状，体长，四肢较矮。毛被以白色为主，其次为麻、黑、花色，毛被较短。少数羊鼻、脸、耳部皮肤上有灰褐色斑点（图2-22）。

贵州白山羊周岁公羊体重平均为19.6千克，周岁母羊为18.3千克；成年公羊体重32.8千克，成年母羊为30.8千克。周岁羯羊平均活重24.11千克，胴体重11.45千克，净肉重8.83千克，屠宰率47.49%，净肉率为36.6%。成年羯羊的上述指标相应为47.53千克、23.36千克、19.02千克、48.93%和40.02%。

贵州白山羊性成熟早，公羔、母羔在5月龄即可发情配种，但一般在7~8月龄才配种。常年发情，一年产两胎，从1~7胎（4岁左右）产羔率逐渐上升，为124.27%~180%，品种平均产羔率273.6%，年繁殖存活率为243.19%。

（七）济宁青山羊

济宁青山羊产于山东省西南部。体格小，结构匀称。头大小适中，公母羊均有角，有须，有髯，又叫"狗羊"。被毛由黑白两种纤维组成，外观呈青色，黑色纤维在30%以下为粉青色，30%~40%者为正青色，50%以上为铁青色。全身有"四青一黑"特征，即背部、唇、角、蹄为青色，两前膝为黑色，故称为青山羊。公羊颈粗短，前胸发达，背腰平直，四肢粗壮，前肢比后肢略高；母羊颈细长，前胸略窄，后躯宽深，背腰平直，腹围大，后肢比前肢略高。公、母羊尾小，向上前方翘起。其外形颜色特征是"四青一黑"，即背、嘴唇、角和蹄均为青色，两前膝为黑色。按照毛被的长短和粗细，可分为4个类型，即细长毛（毛长在10厘米以上者）、细短毛、粗长毛、粗短毛。其中以细长毛者为多数，且品质较好。初生的羔羊毛被具有波浪形花纹、流水形花纹、隐暗花纹和片花纹（图2-23）。

青猾子皮是济宁青山羊的主要产品，是羔羊生后1~3天宰剥的羔皮。毛皮毛由黑、白二色毛组成，毛色分正青色、铁青色、粉青色。毛被中黑色毛含量在30%~50%者属正青色；含量在50%以上者属铁青色；含量在30%以下者为粉青色。两种毛的长度比也影响毛色的色度。济宁青山羊每年剪毛一次，每只公羊平均剪粗毛230~330克，母羊平均为150~250克。济宁青山羊性成熟早、繁殖率高、遗传性稳定、适应性强、耐粗饲、性情温驯易管理。

图2-23 济宁青山羊

（八）沂蒙黑山羊

沂蒙黑山羊产于山东沂蒙山地区，是山东省地方优良黑山羊品种，是在山区自然条件下形成的一个肉、绒、毛、皮多用型品种，属绒、毛、肉兼用型羊。沂蒙黑山羊具有体格大、耐粗饲、适应性强，生产性能高、体貌统一、遗传性能稳定、肉绒兼用等特点，适宜山区放牧。其羊绒质量高、光泽好、强度大、手感柔软；其肉质色泽鲜红、细嫩、味道鲜美、膻味小，是理想的高蛋白、低脂肪、富含多种氨基酸的营养保健食品。

沂蒙黑山羊共有"花迷子"、"火眼子"、"二粉子"和"秃头"

图2-24 沂蒙黑山羊

四个品系。主要特点是头短、额宽、眼大、角长而弯曲（95%以
上的羊有角）。颔下有胡须，背腰平直，胸深肋圆，体躯粗壮，四
肢健壮有力，耐粗抗病，合群性强（图2-24）。它善于爬山，能在
高山悬崖陡壁上放牧采食；喜高燥，爱干净，不吃污染饲草。

第二节　肉羊良种的引进与利用

一、品种的引进

（一）引种目的

引种前，必须明确引种的目的和任务，引进后如何利用、发展
等问题，要根据当地或国内外养羊的发展情况、当前和今后可能的
市场变化情况进行认真研究，以免带来不必要的经济损失。根据引
种的利用情况可将引种目的划分为以下几种。

1. 提高当地羊的生产水平

对于一个品种的生产方向不需要改变，只想提高其生产性能，
而通过本品种选育达不到预期目的时，就可引进生产方向相同的优
良品种来改良原有品种，使其生产性能有所提高，并不改变羊的生
产方向。

2. 改变当地羊的生产方向

随着人民生活水平的不断提高，人们对社会的需求也发生着变
化，对原来当地羊品种的生产性能和生产方向发生了变化，而通过
对本品种选育已不能达到所要求的生产水平和生产方向，所以，只
能依靠外来血液。如蒙古羊是我国古老的三大粗毛羊品种之一，其
生产方向是生产异质毛（粗毛）及产肉，其羊毛工艺价值低，不能
作为毛纺工业原料。为此，引进了细毛羊品种进行杂种改良，并经
选育提高而培育出了新疆细毛羊、东北细毛羊、内蒙古细毛羊、甘
肃高山细毛羊、山西细毛羊等品种。这些品种的生产方向是细羊
毛，与原粗毛羊生产的异质毛是截然不同的两个生产方向。

3.试验引种

对于引种方式，我们还有一种试验引种，就是通过引入少量个体在某一地区进行饲养观察，看其对此类地区的适应性及生产性能的表现。或引入几个不同品种，在相同饲养条件下进行某种性能的比较研究等。

（二）品种选择

引种的目的在于利用，选择引入品种，必须要考虑到国民经济的需要和当地品种区域规划的要求，并要具有良好的经济价值和育种价值，有良好的适应性。也就是说，引种不仅要考虑到必要性，而且要考虑到可能性。

1.引入品种必须具有独特的生产性能

引种的目的就是为了引进优良基因，改良和提高原有品种的生产性能或改变原有品种的生产方向，使其创造更高的经济价值。如果引入品种在我们所需生产方向或生产性能方面满足不了，则就失去了引种的意义。

2.引入品种必须能使本地原有品种改良后产生更高的经济价值

这反映了引种的重要性。某一品种在国外或外地无论其生产性能多么好，经济价值多么高，但若引入到当地后，因当地的生活需求、工艺加工能力以及销售渠道等因素的限制，而不能产生较好的经济效益的，就不能引入。因此，引种必须要慎重，不仅要考察该品种在外地的经济价值，而且主要在于结合当地的市场实际和预期效益。

3.引入品种必须对引进地区生态环境有良好的适应性

只有适应性良好的品种才能正常繁殖、生长和充分发挥其遗传潜力与生产优势。适应性是由许多性状构成的一个复合性状，它包括品种的抗寒、耐热、耐粗放管理以及抗病力、繁殖力、生产性能发挥等一系列性状，直接影响到经济性状和经济效益。每个品种都是在一定的生态条件下繁育而成，对当地生态条件具有良好的适应性，对相近似地区有一个适应性强弱的问题。生态条件包括当地的纬度、海拔、光照、气温、降水量、无霜期、牧坡牧草条件、饲养管理方式等一系列因素。

（三）个体选择

一个好的品种是由许多个体组成的。在同一品种内部存在着个体差异，这是进行个体选择的基础。个体选择应从以下几方面考虑。

1. 个体的品种特性

优良个体应具备该品种的典型特征：如体型外貌、生产方向、生产特征、适宜性等。特别是体型外貌方面，一定是品种中优良个体，不应有其他缺陷。体型外貌包括：毛色、头形、角形、耳形及耳的大小、头毛着生情况、背腰是否平直、四肢是否端正、蹄色是否正常、整体结构及品种所特有的特征等。

2. 个体的生产性能

对引入品种来说，选择的个体应是品种群中生产性能较好者，各项生产指标应高于群体平均值。如剪毛量、毛长、体尺、体重、生长发育速度和产羔性能等。

3. 个体的健康状况

选择个体应无任何传染病，体质健壮，生长发育正常，四肢运动正常，毛被油汗适中。母羊乳头整齐，发育好；公羊睾丸大小正常，无隐睾、单睾现象，有雄性。

4. 个体的遗传基础

对于本身生产性能好的个体还要看父、母、祖父、祖母代的生产成绩，特别是父、母代的生产成绩。由于羊多是单胎动物，全同胞个体少，主要查看亲本性能即可。

5. 要有适度规模

引入个体要有一定数量，根据纯繁或改良的需要确定引种的数量，特别在规模化养殖中，种公羊要有几个血统，以防纯繁时群体中近交系数的增加。

6. 要以引进种公羊为主

根据我国目前农民的饲养水平和经济承受能力，引种应以引进公羊为主，饲养母羊群体主要以本地羊为主。然后进行品种的杂交改良和选育提高，逐步建立改良羊群。这样投资少，农户容易接受，而且经济效益也较好。

（四）动物检疫

动物检疫是引种中必须进行的一个项目。检疫的目的：一是保证引进健康的种畜；二是防止传染病的带入和传播。进行动物检疫的部门是县级以上动物检疫站。动物检疫依据是动物检疫条例，针对不同的运输方式，分别进行公路检疫或铁路检疫。一般检疫的项目有临床检查和传染病检查，包括布病、蓝舌病、羊痘、口蹄疫等。运输种羊必须经检疫、车辆消毒后才准持证运输。种羊必须来自非传染病区，引回的种羊要隔离观察6周，才可和当地羊在同一草场或圈舍饲养。

（五）运输

1. 引种方式

（1）引进活体　直接购进种羊，这是最常见的引种方式。这种引种方式对引进种羊有比较直观的了解，并可直接使用。但是引种运输中的管理较为麻烦，风险性较大，经费投资也较多。

（2）引进冷冻精液　就是引进优良公羊的冷冻精液，然后进行人工授精。这种引种方式不仅需液氮罐，携带运输方便、安全，投资也不大，而且推广使用面大。现我国各地已普遍采用，是一种较好的引种方式。

（3）引进冷冻胚胎　引进优良种羊的冷冻胚胎，然后进行胚胎移植，产生优良个体。这种方式不需要引进种母羊就可以生产引进品种的个体，且运输携带方便。但是推广应用中要求技术条件较高，推广有一定的难度。

2. 运输前的准备工作

（1）合理安排运羊时间　为了使引入羊种不受生活环境上突然变化所影响，在调运时间上应考虑两地之间的季节差异。如由温暖地区向寒冷地区引进种羊，应选择在夏季引进为宜；由寒冷地区向温暖地区引进种羊，应选择在冬季引进为宜。另外，在启运时间上，要根据季节而定，尽量减少途中不利的气候因素对羊造成影响。如夏季运输应选择在夜间行驶，防止日晒；冬季运输应选择在白天运输。一般春秋两季是运输羊比较好的季节。

（2）途中草料及水的准备　一般短距离运输，途中可不喂草料和饮水。长距离运输，特别是火车运输时，一定要准备好饲草。运输车上要准备好喂羊用的捆草绳、饲料、饲槽、水缸、水桶、水槽或水盆等。饲草的用量依运输距离、运输天数而定。饲草要用木栏与羊隔开，以防羊踩踏污染。

（3）押运人员途中用品及药品的准备　汽车押运一般1辆车有1个押运人员即可；火车押运时，1节车厢上应有2个人。押运人员必须是责任心强、对羊饲养管理比较熟悉且有较好体力的人。随车应准备铁锨、扫帚、手电、常用药品以及押运人员的食品等。

（4）车辆的准备　一般在办理铁路、公路检疫证时，就应联系好车辆，并和检疫部门合作对车辆进行消毒。车辆的准备包括以下几个方面：一是车辆的大小和数量；二是车辆的消毒；三是装车时间、地点的确定；四是车辆上必要设施的配置准备。如用汽车运输时，车厢要加高大厢板。在车厢中间横拴1条或2条绳子，以便押运人员在车上扶绳行走。同时要在车厢底上垫上沙子、铺上干草或玉米秸秆等，以便在运输中起吸湿、防滑作用。为防止运输中日晒和雨淋，长距离运输还应在车厢上搭车棚，用树枝或雨布遮盖。

（5）装车　装车前羊应当空腹或半饱，不宜放牧后装车，以防腹部内容物多，车上颠簸引起羊的不良反应。装车时，车辆应停放在低处，车厢靠近高台处，让羊能自动上车。上车速度不宜过快，以防止互相拥挤造成挤伤、跌伤。在车辆大厢板边沿处应放上木棒挡住空隙，防止羊蹄踩入造成骨折。每辆车上装羊的数量以羊能活动开为宜。太少时，羊会因车速的变化而向前或向后快速移动，站立不稳，且容易挤伤；太多时，体弱羊若被挤倒则很难站起，容易引起踩、踏伤或致死。特别是夏季运输时，由于羊过多拥挤，通风散热不畅，容易中暑。羊装上车后，要清点车内羊数。

（6）途中运输　无论公路运输，还是铁路运输，都要求运输途中要快、稳、勤。快就是要求尽量缩短途中运输时间，早到达目的地；稳就是要求行车中车速平稳，不能急加速或急减速、紧急制动；勤就是押运人员要眼勤、腿勤和手勤。行车中，押运人员要勤观察车厢内的羊只，发现挤倒的羊要随时扶起；途中休息时要清点羊数，给羊喂草、饮水，车厢太湿时要换垫草，检查车辆大厢板是否坚固牢靠。

（7）卸车　到达运输目的地后，汽车可停放在有高台的地方，打开一侧大厢板，在大厢板与车厢底边接处垫上草或木条，以防羊踩入空隙造成骨折。并让羊自己走下车，切勿让羊拥挤。卸完后要清点羊数和清洗车辆。羊下车后，有的将卧地休息，有的则急于饮水、吃草，此时不宜喂草料和放牧。休息后的第一周内，要和其他羊群隔离，注意观察采食和其他行为，并逐渐过渡到正常的饲养管理程序。

（六）风土驯化与适应性锻炼

风土驯化是指引进新品种适应新环境条件的复杂过程，使其能在新的环境条件下能正常地生长发育、生存、繁殖，并保持其原有的基本特征和特性。适应性锻炼是指在人工改变条件下，使羊逐渐适应于当地的生态条件、放牧条件、饲养管理条件及抗病能力的提高。

风土驯化与适应性锻炼包括以下几个方面。

第一，改变饲养管理条件，创造适宜引入品种的环境条件，达到平稳过渡到适应的目的。

第二，加强对引入品种个体的适应性锻炼，使引入个体本身在新的环境条件下直接适应。

第三，加强选育，定向改变遗传基础，保持生产性能不减或有提高。

风土驯化和适应性锻炼，是我们引种与保种的基本措施，但是并不是所有引入品种经风土驯化都能正常生产，主要原因是环境变化巨大，已远远超过引入品种对环境的最大适应范围，从而造成了引种的失败和经济的损失。所以引种一定要因地制宜，慎重行事。

二、品种的利用

（一）品种的利用方式

1. 直接利用

我国的地方良种以及培育成的品种都有较高的生产性能，或某一方面具有较突出的生产用途，它们对当地自然条件和饲养管理条件下有良好的适应性，且已具有一定的数量，因此，这些品种均可以直接利用生产畜产品。对于引入品种也由于具有较高的生产性能，可直接利用生产畜产品。但是由于引入品种数量较少，必须搞好纯繁扩群和保种工作，以便进行大面积推广应用。

2. 间接利用

对引入品种的利用最终目的是使当地品种吸收外来品种的血缘和优良基因，以大面积提高生产性能。这种利用方式不在于它本身的生产成绩，而在于对群体的影响效果，故称为间接利用。

（1）培育新品种 利用引入的优良品种和本地品种进行杂交改良，通过选种选育改变了本地羊的生产方向，提高了羊的生产性能，使之成为和引入品种生产方向一致或相似、具有稳定遗传和一定数量的类群或品种。

（2）改善、提高原有品种的生产性能 本地羊原有生产方向和性能基本上能满足社会的需求，但在某些方面仍有不足之处，通过本品种选育难达到理想性能时，可导入外来优良品种血缘，引进优良基因，从而达到提高生产性能的目的。如东北细毛羊、新疆细毛羊引入澳大利亚美利奴羊血缘后，显著地提高了原有品种的产毛性能和羊毛品质。

（3）开展经济杂交，利用杂种优势提高原有品种的生产水平这种方式特别在肉羊生产中应用相当广泛。一般是利用本地品种耐粗饲、适应性强和外来肉羊品种生长发育快、肉品质好的特点，通过杂交，使杂种羊兼备外来种或引入种的优势，生产出明显高于本地羊生产性能的个体和较好的肉用羊品种。

（二）提高品种利用效果的途径

1.纯繁扩群，选育提高

一般由于经济实力和其他条件的限制，不可能引入大量的个体，而只是极少数地引入，但生产上所需用的则是更多的优良个体。因此，对引入品种一定要纯繁扩群，在纯繁过程中选育提高，并为生产应用提供更多的个体。纯繁扩群一定要按照育种理论和实际情况，保持适度群体数量，控制近交系数的过快增加，以防近交退化。

2.以科学试验为基础，边研究边推广

引入品种对本地品种的改良效果如何，或引入品种对原有品种生产性能的提高程度如何，是否达到原来引种的设想，这要通过一系列试验工作。先试验后推广，先场内后场外，由点到面逐步总结经验和推广，这样才不会使引种利用走弯路，也才能充分合理地利用引入品种。

3.运用科技手段，提高利用率

对引进的种羊采用不同的利用方式，利用效果截然不同。如在自然交配下公羊、母羊比例为1：（25~30）；若采用人工授精技术，则配种能力可达1：（500~1 000），减少了种公羊的数量，提高了利用率，扩大了使用面。若采用同期发情及人工授精、胚胎分割、胚胎移植等生物技术，可使种羊的利用率大大提高。

4.正确选择最佳的选配方案，最大限度地提高生产性能和间接效益

在羊肉生产中，最普遍的是应用杂种优势进行羊肉生产。但是由于父本和母本本身的适应性及生产性能不同，或不同父本间存在某些优势，选择最佳的杂交组合程序，才会充分发挥杂种优势的作用，生产更好的产品。

三、杂交利用

（一）杂种优势

杂种优势是指不同的种群（品种、品系或其他种用类群）的

家畜杂交所产生的杂种，往往在生活力、生长势和生产性能等方面，表现在一定程度上优于其本群体的现象。这是普遍现象，但并不一定杂交就可以产生杂种优势，这还存在不同品种间的配合力问题。一般将生长发育快、体型大、饲料报酬高、产肉性能和胴体品质好的公羊作为杂交父本，将适应性好、繁殖力高、群体数量多的品种作为杂交用的母本，希望通过杂交将父本、母本的生产优势发挥出来，产生高于亲本的生产效益。杂种优势的大小用杂种优势率表示：

$$杂种优势率 H（\%）= \frac{F_1 - P}{P} \times 100$$

式中 F_1 代表杂种群体的平均生产水平，P 代表亲本种群的平均生产水平。杂种优势率反映的是杂种群体的生产水平高于双亲群体的生产水平平均值的百分率。

根据有关的试验资料得知，通过经济杂交所产生的杂种优势率是：产羔率为20%~30%，增重率为20%，羔羊的成活率为40%，产毛量最高为33%。产肉量：两个品种杂交提高12%，到4个品种时，每增加一个品种可提高8%~20%。杂种优势率的大小取决于以下几方面：一是品种的纯度要高，群体的变异性小；二是品种的性状优良；三是杂交用的父本和母本的差异要大；四是要有好的饲养管理环境，有利于杂种优势的发挥。

（二）经济杂交的方式

1. 经济杂交

经济杂交的目的是通过品种间的杂种优势利用生产商品肉羊，最常采用的方式有两个品种简单杂交和两个以上品种的轮回杂交。其中简单杂交后代全部用于育肥生产，而轮回杂交后代的母羔，除部分优秀个体用于下轮杂交繁殖外，其余的母羔和全部公羔也直接用于育肥生产。

2. 三元杂交

多数国家的绵羊肉生产以三元杂交为主，终端品种多用杜泊羊、无角或有角陶赛特羊、汉普夏羊等。肉用羊三元杂交改良及扩繁技术研究主要采用超数排卵、胚胎移植、同期发情技术，做好种羊繁育，确保种群稳定，同时向社会供应优质种羊。

3. 二元杂交

肉山羊生产以二元杂交为主，终端品种多用波尔山羊等。

在我国肉羊品种比较缺乏的情况下，普遍采用的是二元杂交。即用肉用种公羊和我国的本地母羊杂交，利用杂种优势生产羊肉。这种杂交方式所产生的公羔作为育肥生产用，母羔则继续用公羊级进杂交。产生杂种二代、三代等，渐渐使杂种后代的生产性能和父本接近或有所提高。

4. 多元杂交

多元杂交一般是指外地良种公羊（父本1）与本地母羊杂交生下的母羊 A（F_1 代），再与另外的一种良种公羊与本地母羊杂交生下的公羊 B（父本2）杂交，得良种商品羊（F_2 代）。

父本1的选择除了要具备良好的肉用品质以外，主要突出多胎和全年繁殖的特性。父本2因是终端父本，其选择则要突出更加良好的肉用性能，屠宰率更高、肉质更好、分割率则更高。生产的 F_2 代（也叫商品代）不论公母，全部经育肥（最好是经屠宰分割后）均衡上市。

5. 终端杂交

终端杂交是指在多元杂交中最后（终端）的父本品种，最终的杂种群体全部作为生产群体，即所有的最终杂种群体无论公母羊全部育肥屠宰。在终端杂交过程中，要考虑到各个父本品种的使用先后顺序，一般把最能体现产肉优势的品种作为终端父本，以便获得最大的杂种优势率。如三元杂交是用两个父本品种和一个母本品种的羊进行杂交。一般的杂交程序是，先用一个父本品种和母羊进行杂交，杂种公羊作为生产群体利用，杂种群体作为生产群体使用。

轮回杂交是指用两个以上的不同品种进行杂交。在每代杂种后代中，只用优良母畜依序轮流再与亲本品种的公畜回交，以便在每代杂种后代中继续保持和充分利用杂种优势，杂种公羔全部育肥屠宰。

（三）杂交组合

要筛选出最佳的杂交组合，需要进行配合力测定，对杂交效果进行预测，并相互比较。在杂交工作中应注意以下问题。

第一，在实际生产中，杂交组合中每增加一个品种，对肉用山羊的繁育体系要求更高，并需要建立杂种母羊群，这在规模化、集约化生产中才能做到。因此应根据当地条件确定杂交组合。

第二，由于优良品种往往饲养条件要求较高，适应性较差，应适当控制杂交代数，以充分发挥杂种优势。

第三，在进行杂交效果比较时，最好在相同条件下比较不同杂交组合的饲喂效果，以确定适合本地区的最佳组合方式。

第四，加强杂交母本的选育。杂交优势来自父、母本双方，父本一般都有种羊场或繁殖基地不断选育提高，而母本的选育往往易忽视，因此应加强本地山羊的选种选配，以保持其优良特性。

第三节　肉羊繁殖技术

一、发情生理和发情鉴定

（一）肉羊公羊性行为、性成熟

公羊的性行为主要表现为性兴奋、求偶、交配。公羊表现性行为时，常有举头，口唇上翘，发出一连串鸣叫声，爬跨其他山羊等行为（图2-25、图2-26）。性兴奋发展到高潮时进行交配，公羊

图2-25　公羊的性行为

图2-26　公羊的性行为

的交配时间很短，数十秒钟就完成了。

公羔到了一定的年龄时开始出现性行为，如爬跨，能排出成熟精子，这一时期为羊的初情期，是性成熟的初级阶段。初情期以后，随着第一次发情，生殖器官的大小和重量迅速增长，性机能也随之发育，此时公羔羊已出现第二性征，能产生正常受胎的精液。初情期的迟早受不同品种、气候、营养因素影响。一般表现为体型小的品种早于体型大的品种，南方品种羊早于北方品种羊，热带的羊早于寒带或温带的羊，营养良好的羊早于营养不足的羊。我国南方山羊品种的初情期，一般在 3~6 月龄，体重为成年羊体重的40%~60%。虽然性成熟时期羊的生殖器官已发育完全，具备了正常的繁殖能力，但因其个体的生长发育尚未完成，故在性成熟初期羔羊一般不宜配种，否则会影响羔羊自身及其胎儿的正常发育。如此往复，不仅影响其个体生产性能发挥，而且还会导致羊种群品质下降。

（二）母羊的发情、性成熟及初配年龄

1. 母羊的发情

幼龄母羊的卵巢及性器官处于未完全发育状态，但随着幼龄羊的发育，促卵泡成熟素的分泌逐渐增多，出现了第一次发情和排卵。此次发情通常被称为初情期，它是母羊性成熟的初级阶段。初情期以前，母羊的生殖道和卵巢增长较慢，不表现性活动和性周期。此时，母羊虽有发情表现，但不明显，发情周期变化较大。气候对母羊初情期的影响很大，一般南方母羊的初情期早于北方；营养条件良好时，母羊初情期表现较早；反之，初情期则推迟。母羊初情期一般在 4~6 月龄。

2. 性成熟

母羊的性成熟期受品种、气候、个体、饲养管理等因素的影响。一般早熟品种比晚熟品种性成熟早，气候温暖地区的羊比寒冷地区的性成熟早，饲养管理条件好、发育良好的个体性成熟也早。一般绵羊、山羊在 6~10 月龄性成熟，此时体重为成年体重的40%~60%。我国绵羊性成熟较早，蒙古羊 5~6 月龄，小尾寒羊

4~5 月龄就能配种受胎。山羊一般比绵羊性成熟早，寒冷地区的山羊在 4~6 月龄，温暖地区在 3 月龄左右，营养好的青山羊 60 日龄即发情。

3. 体成熟

母羊的体成熟是指母羊生长到一定时期后，生殖器官已发育完全，并且具有羊的固有外貌特征，基本达到生长完成的时期。从性成熟到体成熟要经过一定的时间。母羊体成熟时间，早熟品种为 8~10 月龄，晚熟品种为 12~15 月龄，此时体重为成年羊体重的 70% 左右。

4. 初配年龄

山羊的初配年龄迟早，与气候条件、营养状况有很大的关系。南方有些山羊品种 5 月龄即可进行第一次配种，而北方有些山羊品种初配年龄需到 1.5 岁。通常山羊的初配年龄多为 10~12 月龄，绵羊的初配年龄多为 12~18 月龄。分布于江、浙一带的湖羊生长发育较快，母羊初配年龄为 6 月龄。我国广大牧区的绵羊多在 1.5 岁时开始初次配种。由此看来，分布于全国各地不同的绵羊、山羊品种其初配年龄也不一致，但在实际生产中，要根据羊的生长发育来确定。一般羊的体重达到成年体重的 70% 时，进行第一次配种较为适宜。如果体重过小，配种过早对母羊本身及胎儿的生长发育都会有影响。

（三）母羊发情的鉴定方法

在发情期间输卵管伞部紧包着卵巢，随着黄体的发育，输卵管的纤毛状上皮的高度增加，由组织开始逐渐延至输卵管中段。在发情前期和发情期输卵管无纤毛的上皮细胞分泌蛋中性黏多糖，输卵管分泌物的 pH 值为 6.0~6.4，到发情前期升为 6.4~6.6，而在发情期和发情后期升至 6.8~7.0。这种 pH 值的变化有利于精子的运行和受精。

1. 发情前期

这时母羊有发情的愿望，主动接近试情公羊，但不许试情公羊爬跨。外阴部有充血、红润，用开腔器打开阴道时很困难，子宫颈口充血未开放，有黏液，但很少，拉不成丝，开膣器拉出时也困难。这时不易配种，因卵巢未发育成熟，没有成熟的卵子排出。

2.发育中期

这时母羊接近试情公羊并允许爬跨，有频频排尿的动作和"若有所思"的样子。外阴部有充血、红润、肿胀，开膣器打开阴道时很容易，子宫颈口充血开放，黏液多，能拉成丝，黏液透明清楚（图2-27）。这时配种最好，因为卵巢发育成熟，有成熟的卵子排出。这个期很快，根据羊的体质、饲养条件的不同持续一天左右，但也有的持续2天左右。

图2-27　处在发情中期的母羊配种最适宜

3.发情后期

这时母羊不接近公羊，不许爬跨，处于安静的状态。用开膣器打开阴道时很困难，外阴部充血，红润逐渐消失。打开阴道子宫颈口充血已消去，但是开放，黏液量少，稠而黄，拉不成丝，黏液呈片状形式。这时也可配种。

二、配种时间和配种方法

（一）配种时间的确定

羊的配种计划安排一般根据各地区、各羊场每年的产羔次数和时间来决定。1年1产的情况下，有冬季产羔和春季产羔两种。秋羔就是把配种季节人为地集中在每年的3~4月，到8~9月产羔，正值立秋前后，气候温和，正是牧草旺盛季节，而且牧草开花结籽时，营养价值最高。在这个时期产羔，能充分利用母羊膘情好、体壮、乳汁多，羔羊在胎后期和哺乳前期都不会缺乏营养，生长发育良好。秋羔的缺点就是进入冬季后没有优质饲草，母羊乳汁减少，羔羊没有足够的鲜草，影响生长发育。春羔是把配种季节人为地集中在每年的 11~12 月，到翌年的 4~5 月产羔。春季产羔，气候较暖和，不需要保暖产房。母羊产后很快就可吃到青草，奶水充足，羔羊出生不久，也可吃到嫩草，有利于羔羊生长发育。但产春羔的缺点是母羊妊娠后期膘情最差，胎儿生长发育受到限制，羔羊初生重小。同时羔羊断奶后利用青草期较短，不利于抓膘育肥。随着现代繁殖技术的应用，密集型产羔技术越来越多地应用于各大羊场。在 2 年 3 产的情况下，第 1 年 5 月配种，10 月产羔；第 2 年 1 月配种，6 月产羔；9 月配种，翌年 2 月产羔。在 1 年 2 产的情况下，第 1 年 10 月配种，翌年 3 月产羔；4 月配种，9 月产羔。交配时间一般是早晨发情的母羊傍晚配种，下午或傍晚发情的母羊于第 2 天早晨配种。为确保受胎，最好在第 1 次交配后，间隔 12 小时左右再交配一次。

（二）配种的方法

羊配种方法分为自由交配、人工辅助交配和人工授精 3 种。

1. 自由交配

自由交配也是最原始、最简单的交配方式。在配种期内，可根据母羊多少，将选好的种公羊放入母羊群中任其自由寻找发情母羊进行交配，也叫本交（图 2-28）。该法省工省事，适合小群分散的生产单位，若公母羊比例适当，可获得较高的受胎率。其缺点为：

图 2-28　公母羊自由交配

无法控制产羔时间；公羊追逐母羊，无限交配，不安心采食，耗费精力，影响健康；公羊追逐爬跨母羊，影响母羊采食抓膘；无法掌握交配情况，后代血统不明，容易造成近亲交配或早配，难以实施计划选配；不能记录确切的配种日期，也无法推算分娩时间，给产羔管理造成困难。羔羊出生后没有系谱；种公羊利用率低，不能发挥优秀种公羊的作用；消耗公羊体力，最好将公羊隔离出来。为了防止近交，羊群间要定期调换种公羊。

2．人工辅助交配

人工辅助交配是有计划地安排公母羊在非配种季节分开饲养，在配种期内用试情公羊试情，有计划地安排公母羊配种。这种交配方式不仅可以提高种公羊的利用率，增加利用年限，而且能够有计划地选配，提高后代质量。配种期内如果是自由交配，可按1：25 的比例将公羊放入母羊群，配种结束将公羊隔离出来。每年群与群之间要有计划地进行公羊调换，交换血统。

3．人工授精

人工授精是借助于器械将公羊的精液输入到母羊的子宫颈内或阴道内，达到受孕的一种配种方式。人工授精可以提高优秀种公羊的利用率，比本交提高与配母羊数十倍，节约饲养大量种公羊的费用，加速羊群的遗传进展，并可防止疾病传播。

三、人工授精技术

人工授精技术包括采精、精液品质检查、精液处理和输精等主要技术环节。

（一）试情

母羊发情征候不明显，发情持续期短，因而不易被发现。在进行人工授精和辅助交配时，需用试情公羊放入母羊群中来寻找和发现发情母羊，这就是试情。试情羊应选体格健壮、性欲旺盛、年龄2~5 岁的公羊。为防止试情公羊偷配，最常用的办法是系试情布，即用20 厘米 × 30 厘米的白布1 块，四角系带，捆拴在试情公羊腹下，使其只能爬跨不能交配。

试情方法：试情应在早晨，将试情羊赶入母羊群中。如果母羊喜欢接近公羊，站立不动，接受爬跨，表示已经发情，应拉出配种。有的处女羊对公羊有畏惧现象，公羊久追不放，这样也应做为发情羊拉出。为了试情彻底和正确，力求做到不错、不漏、不耽误时间，公母羊比例可按 1 :（30~40）配群。同时试情时要求"一准二勤"，"一准"是眼睛看得准，"二勤"是腿勤和手勤。要将卧在地上或者拥挤在一起的母羊哄起，使试情公羊能和母羊接触，增加嗅的机会。在试情期间，应将有生殖器官炎症的母羊挑选出来，避免公羊产生错觉，影响试情工作。

（二）器械消毒与采精用具准备

凡采精、输精及与精液接触的所有器械都必须严格消毒。开膛器、输精器、镊子、生理盐水、凡士林、集精杯、玻璃棒和纱布等耐高温的人工授精器械要蒸煮 30 分钟消毒（图 2-29）。由外壳、内胎装好的假阴道和消毒瓷盘用 75% 酒精消毒，待 15~20 分钟酒精挥发后才可使用。使用前将内胎装入假阴道外壳，再装上集精瓶，安装假阴道时注意保持内胎平整，不要出现皱褶，用生理

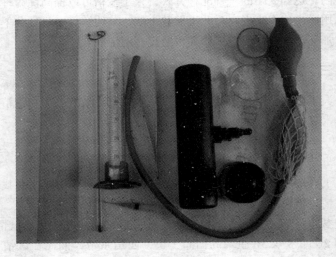

图 2-29　部分人工授精器械

盐水冲洗 2~3 次后倒立，使假阴道内的水分沥干净。然后从假阴道的充气口倒入 150 毫升左右 50℃ 的水，拧上充气活塞，约占内外胎空间的 70%，使阴道保持在 40~42℃。通过气门活塞向夹层中吹气，使其具有一定压力和弹性。吹入的气体量以内胎壁口端呈"△"形裂缝即可。使假阴道温度、润滑度和弹性接近母羊的阴道，有利于公羊的射精。采精结束后首先用碱水冲洗假阴道内部的油脂，然后用清水冲洗干净，再用酒精消毒后放在消毒盘内，并用纱布盖好。开膛器、镊子等也要冲洗，并用酒精消毒后，放入消毒盘。

（三）采精

采精为人工授精的第一步，为保证公羊性反射充分，射精顺利、完全，精液多而洁净，必须做到稳当、迅速、安全。选用健康发情的母羊作为台羊，台羊外阴部要用消毒液消毒，再用温水洗净擦干。

采精器必须经过严格消毒。操作时，将台羊保定后，引公羊到台羊处，采精人员蹲在母羊右后方，贴靠台羊尾部，右手横握假阴道，食指顶住集精杯，活塞向下，使假阴道入口朝下，与地面呈 35°~40° 角。当公羊爬跨伸出阴茎时，左手轻托公羊包皮，将阴茎导入假阴道内，公羊猛力前冲并弓腰后，则完成射精。随后采精员应随同公羊从台羊身上跳下时将阴茎从假阴道中退出。把集精瓶竖起，拿到处理室内，放出气体，取下集精瓶，盖上盖子，做上标

图 2-30 采精架

图 2-31 采精

记，准备精液检查。采精时，避免手指或外壳碰着阴茎，也不能把假阴道硬往阴茎上套。采精人员一定要手快，动作要轻，否则采精困难（图 2-30、图 2-31）。

在一般情况下，公羊每天上午、下午可采精 2~4 次，也可连续 2 次采精，连续采精间隔时间 5~10 分钟。公羊使用 1 周后要休息 1 天，以免影响受胎率。公羊运动不足、使用过度、营养不良或过于肥胖都影响精液品质。

（四）精液检查

1. 精液检查的目的

精液品质的好坏与受胎率有直接关系，所以采到的精液必须经过检测与评价后方可用来输精，通过检查确定稀释倍数和能否用于输精。检测室要洁净，室温保持 18~25℃，检查项目如下。

外观检查：公羊精液为乳白色，略带腥味，肉眼可见云雾状运动（图 2-32）。

精液量：为 0.8~1.8 毫升，一般为 1 毫升。每毫升有精子 10 亿 ~40 亿个。

密度检查：用玻璃棒取少许精液放在载玻片上，盖上盖玻片，放在显微镜下观察（图 2-33）。在视野内精子之间间隙很小或无间隙，就评为稠密；如精子之间距离很大，看起来稀稀落落，就评为稀薄；若精子间隙介于以上两种情况之间就评为中等。

活力检查：取 1 滴待检查精液稀释后，置于载玻片上，上覆

图 2-32　精液外观

图 2-33　精液密度检查

盖玻片，在显微镜下观察。在 37℃左右条件下精液中直线前进运动的精子占总精子的百分比，全部精子都呈现直线前进运动的评为5 分，约 80% 为直线前进活动的评为 4 分。只有活力在 4 分以上、密度中等以上的才可用于输精。

2. 精液检查时注意事项

① 检查室温度要适宜。精子活力和温度关系很大，所以检查时室温须保持在 18~25℃。

② 要制两个玻片，以原精液作密度评定，以稀释精液作活力评定。

③ 精液检查时应避免阳光直射、振荡或污染，操作速度要快。

④ 正确登记种公羊号、采精时间、射精量、精液品质、稀释比例和输精母羊数。

（五）精液稀释

精液稀释的目的，一方面是为了增加精液容量，以便为更多的母羊输精；另一方面还能使精液短期甚至长期保存起来，继续使用，且有利于精液的长途运输，从而大大提高种公羊的配种效率。精液在采好以后应尽快稀释，稀释越早效果越好，因而采精以前就应配好稀释液。一般常用的稀释液为生理盐水，根据配种母羊数和精液的密度可进行 1∶（1~2）的稀释。通常是在显微镜检查评为"密"的精液才能稀释，稀释后的精液每次输精量（0.1 毫升）应保证有效精子数在 7 500 万个以上。此种稀释液只能做及时输精用，不能做保存和运输精液用。稀释倍数不宜超过 2 倍。除此之外，还有牛、羊奶稀释液，稀释时，稀释液必须是新鲜的。将新鲜牛奶或羊奶用几层纱布过滤，煮沸消毒 10~15 分钟，冷却至30℃，去掉奶皮即可，一般可稀释 1∶（2~4）。其温度与精液温度保持一致，在 20~25℃室温和无菌条件下进行操作。稀释液应沿着集精瓶壁缓缓注入，用细玻棒轻轻搅匀。切勿一次稀释倍数过大和受到剧烈冲击、温度骤变和其他有害因素的影响。

（六）输精

1. 使用横杠式输精架

给输精羊输精时最好使用横杠式输精架。地面埋两个木桩，木桩间距可由一次输精羊数而定，一般可设 2 米。再在木桩上固定一根圆木（直径约 6 厘米），圆木距地面 50 厘米左右。输精母羊的后肋搭在圆木上，前肢着地，后肢悬空，几只母羊可同时搭在圆木上输精。输精前将母羊外阴部用来苏儿溶液消毒，水洗，擦干，再将开腔器插入，寻找子宫颈口。子宫颈口的位置不一定正对阴道，但其附近黏膜的颜色较深，容易寻找。成年母羊阴道松弛，开腔器张开后黏膜挤入，注意不要损伤。处女羊阴道狭窄，开腔器无法伸开，只能进行阴道输精，但输精量至少增加 1 倍（图 2-34）。

图 2-34　输精

2. 掌握好输精时机

最佳输精时机是在母羊发情中期或后半期。若输精两次，对早上发现的发情羊立即输精一次，傍晚再输精一次。

3. 严格遵守操作规程

输精的关键是严格遵守操作规程，操作要细致，子宫颈口要对准，精液数量要够。输精后的母羊要登记，用染料涂上标记，按输精先后组群，加强饲养管理，为增膘保胎创造条件。

（七）提高受胎率的关键技术

1. 公羊的选择及精液品质的鉴定

为了提高配种率，对有生殖缺陷（单睾、隐睾或睾丸形状不正常）的公羊一经发现应立即淘汰。通过精液品质检查，根据精子活力、正常精子的百分率、精子密度等判定公羊能否参加配种。

2. 母羊的发情鉴定及适时输精

羊人工授精的最佳时间是发情后 18~24 小时。这时子宫颈口开张，容易做到子宫颈内输精。而发情的早晚可根据阴道流出的黏液来判定：黏液呈透明黏稠状即是发情开始；颜色为白色即到发情中期；如已混浊，呈不透明的黏胶状，即是到了发情晚期，是输精的最佳时期。但一般母羊发情的开始时间很难判定。根据母羊发情晚期排卵的规律，可以采取早晚两次试情的方法选择发情母羊。早晨选出的母羊到下午输一次精，第二天早上再重复输一次精；晚上选出的母羊到第二天早上第一次输精，下午重复输一次精，这样可以大大提高受胎率。

四、提高肉羊繁殖力的措施

羊繁殖力是指羊繁殖后代的能力。繁殖力的高低，直接影响到羊的数量发展和生产性能的提高。绵羊的繁殖力受遗传、营养、年龄及其他外界环境条件（如光照、温度）所影响。因此，提高绵羊的繁殖力不仅要通过选种选配、杂交改良和改变遗传特性来进行探讨，而且还要饲养管理、繁殖技术和改变外界环境条件给予应有的重视。

（一）羊繁殖力的影响因素

1. 遗传因素

不同的绵羊品种繁殖力差异很大。一般北方牧区的绵羊1年产1羔，而湖羊、小尾寒羊1年产2胎或2年产3胎，双羔常见，多的每胎产4~5只。不同品种繁殖力的差异是自然选择和人工选择的结果，通过选种能有效提高绵羊的多胎性。

2. 营养因素

营养条件对羊繁殖力影响很大。加强饲养是提高羊繁殖力的有效措施。在配种前2~3周对母羊进行短期补饲，常能提高母羊的排卵率。成年母羊维生素供给不足，会使排卵数目减少。

3. 温度因素

在夏季气候炎热时，有些品种的公羊出现完全不育或繁殖力降低的现象，表现在射精量减少、精子活力下降、数量减少、畸形精子或死精子的比例上升。

4.年龄因素

母羊的产羔率一般随年龄而变化，3~6岁时繁殖力最高。公羊的繁殖力通常在5~6岁时达到最高峰。无论公羊或母羊，7岁以后繁殖力逐渐下降。

（二）提高羊繁殖力的技术措施

保障羊群的高繁殖率和羔羊成活率是高效养羊生产中的重要环节。现代化的养羊业要求种羊具有早熟、多胎多产、生长发育快和产品质量好等优良特性。只有提高繁殖力才能增加数量和提高质量，获得较好的经济效益。

1.改善饲养管理

营养条件对羊群繁殖力的影响很明显，改善公母羊的营养状况是提高繁殖力的有效途径。在配种前及配种期，应给予公母羊足够的营养，保证蛋白质、维生素和微量元素等供给。种公羊的营养水平对受胎率和产羔率、初生重和断奶重都有影响。种公羊应在配种前1.5个月开始加强营养。用全价的营养物质饲喂公羊，受胎率、产羔率都高，羔羊初生重也大。母羊应在配种前2~3周加强营养，不仅能使母羊发情整齐，也能使母羊排卵数增加，提高受胎率。任何微量元素的严重缺乏都会影响到羊的各种基本功能，包括繁殖性能等。母羊在妊娠期间，如果饲养管理不当，可能引起胎儿死亡。

2.加强选种和选配

种公羊要求体型外貌符合种用要求、体质健壮、睾丸发育良好、雄性特征明显、精液品质好。从繁殖力高的母羊后裔中选择公羊；加强母羊选择，选择繁殖力强的母羊。

母羊的产羔率随年龄而变化，一般4~5岁时的双羔率最高，在2~3岁时较低，头胎初产时最低。第1胎即产双羔的母羊，具有较大的繁殖力。选择头胎产双羔和前3胎产多羔的母羊，可以提高母羊的双羔率和繁殖力。

要合理选配。单、双胎的公母羊，不同组合的配种，双羔率不一样。采用双胎公羊配双胎母羊，可显著提高双羔率。

3. 提高母羊产羔率

选育高产母羊是提高繁殖力的有效措施，坚持长期选育可以提高整个羊群的繁殖性能。一般采用群体继代选育法，即首先选择繁殖性能本身较好的母羊组建基础群，作为选育零世代羊，以后各世代繁殖过程中均不要引进其他群种羊，实行闭锁繁育，但应避免全同胞的近亲交配，第三世代群体近交系数控制在12.5%以内。随机编组交配，严格选留后代种公羊、种母羊。群体继代选育的关键是在建立的零世代基础群应具备较好的繁殖性能。选择产羔率较高的种羊有以下一些方法。

（1）根据出生类型选留种羊 母羊随年龄的增长其产羔率有所变化。一般初产母羊能产双羔的，除了其本身繁殖力较高外，其后代也具有繁殖力高的遗传基础，这些羊都可以选留作种。

（2）根据母羊的外形选留种羊 细毛羊脸部是否生长羊毛与产羔率有关。眼睛以下没有被覆细毛的母羊产羔性能较好，所以，选留的青年母绵羊应该体型较大、脸部无细毛覆盖。山羊中一般无角母羊的产羔数高于有角母羊，有肉髯母羊的产羔性能略高于无肉髯的母羊。但是无角山羊中容易产生间性羊（雌雄同体），因此山羊群体中应适当保留一定比例的有角羊，以减少间性羊的出生。

（3）提高繁殖公羊、母羊的饲养水平 营养水平是影响公羊、母羊繁殖性能的重要因素。我国地域广大，草地类型各异，除热带、亚热带地区外，大部分地区由于气候的季节性变化，存在着牧草生长的枯荣交替的季节性不平衡。特别是我国北方和高海拔地区，这种季节性不平衡更加严重。枯草季节，羊采食不足，身体瘦弱，影响羊的繁殖受胎率和羔羊成活率。配种季节应加强公母羊的放牧补饲，配种前两个月即应满足羊的营养需求。一方面延长放牧时间，早出晚归，尽量使羊有较多的采食时间；另一方面还应适当补饲草料，补饲的草料不仅要含有丰富的蛋白质、脂肪、碳水化合物，还应含有丰富的维生素和矿物质。在抓膘催情的同时，也要注意不要使繁殖种羊过度肥胖。繁殖母羊如果过度肥胖，可使体内积蓄大量脂肪，导致脂肪阻塞输卵管进口形成生理性不孕。公羊过度肥胖，引起睾丸生殖细胞变性，产生较多的畸形精子和死精子，没有受精能力。防止繁殖公母羊过肥的措施是注意合理的日粮搭配，特别应注意让公母羊有适当的运动。

4.利用多胎基因

用多胎品种与地方品种羊杂交，是快速、有效和简便易行提高繁殖力的方法，如利用小尾寒羊等多胎品种作父本进行杂交，明显增加产羔数。我国绵羊的多胎品种主要有：大尾寒羊，平均产羔率为185%；小尾寒羊，平均产羔率可达270%左右；湖羊，平均产羔率可达235%左右。但是，这些品种产毛量低，羊毛品质较差，杂交改良会对毛用性能带来不利影响。我国山羊具有多胎性能，平均产羔率可以达到200%左右，而北方地区的山羊品种产羔率通常较低，可以引进繁殖力较高的品种进行杂交。

5.采用繁殖控制技术

如早期断奶、同期发情、超数排卵、分娩控制等繁殖新技术，控制繁殖周期，缩短产羔间隔时间。提高产羔频率和受胎效果，增加每胎产羔数，充分挖掘繁殖潜力。

6.采用先进授精技术

采用XK-2型等输精器授精，该输精器富弹性，操作简单，使用安全，坚固耐用，有利于进行深部输精，一般比常规输精器可提高受胎率10%以上；采用腹腔镜子宫角深部输精，能显著提高绵羊冷冻精液的受胎率；采用肌内注射促排卵3号（LRH-A3），情期受胎率可达93.5%，比不注射者提高27.2%的受胎率。

7.应用胚胎移植与胚胎分割技术

利用胚胎移植可加速良种羊扩群，提高母羊的繁殖力。该技术已被国内外养羊生产者采用，并收到了很好效果。

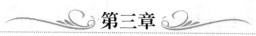

第三章

管好设备设施，向环境要效益

第一节　小型肉羊场的环境要求

　　小型肉羊场环境主要是指场区和舍区的环境。这些地方环境的好坏，将直接影响肉羊生产力的发挥。

一、小型肉羊场的选址要求

　　小型肉羊养殖场的选址，应执行国家标准或相关行业标准的规定，避开风景名胜区、人口密集区。养殖区周围500米以内、水源上游没有对环境构成威胁的污染源，包括工业"三废"、医院污水及废弃物、城市垃圾和污水、畜禽养殖废弃物等。羊场3 000米范围内无采矿地、大型化工厂、造纸厂、皮革厂、肉品加工厂、屠宰场或畜牧场污染，羊场应距离主干公路、铁路、城镇、居民区和公共场所1 000米以上，远离高压电线。羊场周围有围墙或防疫沟，并应建立绿化隔离带。

　　养殖地应设置防止渗漏、径流、飞扬且有一定容量的专用贮存设施和场所，设有粪尿污水处理设施，养殖废弃物经无公害化处理后应达到国家标准或相应行业标准后方可排放。饲养和加工场地应设有与生产相适应的消毒设施、更衣室、兽医室等，并配备工作所需的仪器设备。产地的环境空气、饲草灌溉水、饮用水以及土壤中环境污染物的浓度，不得超过国家颁布的《农产品安全质量》和农业部颁布的无公害食品的产地环境条件所规定的浓度限值。

二、肉羊舍环境控制

肉羊舍环境控制就是通过人工手段以克服羊舍不利环境因素的影响，建立有利于羊健康和生产的环境条件。其主要采取的措施包括：羊舍的防寒避暑、通风换气、采光照明、消毒等。

（一）羊舍的防暑与降温

在天气炎热的情况下，一般是通过降低空气温度、增加非蒸发散热来缓和羊的热负荷。通常是从保护羊免受太阳辐射，增加羊传导散热、对流散热和蒸发散热等行之有效的办法来加以解决。

1. 搭凉棚

对于简易羊舍，要加宽羊舍屋檐，有的羊场的羊槽在运动场，这就使得羊大部分时间在运动场活动和采食，在运动场搭凉棚就尤其重要。搭凉棚一般可减少 30%~50% 的太阳光辐射热。还要绿化羊舍周围环境，通过植物蒸腾作用和光合作用吸收热，有利于降低气温。

2. 设计隔热的屋顶，加强通风

为了减少屋顶向舍内传热，在夏季炎热而冬季不冷的地区，可以采用通风的屋顶，其隔热效果很好。通风屋顶是将屋顶做成两层，屋间内的空气可以流动，进风口在夏季宜正对主风。由于通风屋顶减少了传入舍内的热量，降低了屋顶内的表面温度，所以，可以获得很好的隔热防暑效果。在夏凉冬冷地区，则不宜设通风屋顶，这是因为在冬季这种屋顶会促进屋顶散热。另外，羊舍场址宜选在开阔、通风良好的地方，位于夏季主风口，各羊舍间应有足够距离以利通风。

3. 遮挡阳光，绿化环境

窗户设挡板遮阳来阻止太阳光入舍，可采用水平或垂直的遮阳板，或采用简易活动的遮阳设施，如遮阳棚、帘子等。同时也可栽种植物进行绿化遮阳，利用植物光合作用和蒸腾作用消耗部分太阳辐射热，降低舍外温度。屋外种植花草、蓄水养鱼也可降温。

4.利用主风向加强通风散热

为了保证夏季羊舍有良好的通风,让羊避暑,羊舍的朝向应尽量面对夏季的主风向,以确保有穿堂风通过,使羊体凉爽。

5.羊舍降温

通过喷雾和淋浴方法来降低舍内温度,用淋浴降温作用是淋湿羊体表,直接降温和加强蒸发散热,同时可吸收空气中的热量而降低舍温。喷雾降温不用湿润体表,就可以促进羊体蒸发散热。

(二)羊舍的防寒保暖

我国北方地区冬季气候寒冷,应通过羊舍的外围结构合理设计,解决防寒保暖问题。羊舍失热最多的是屋顶、天棚、墙壁和地面。

1.屋顶和天棚

屋顶和天棚面积大,热空气上升,热能易通过天棚、屋顶散失。因此,要求屋顶、天棚结构严密、不透气,天棚应铺设保温层、锯木灰等,也可采用隔热性能好的合成材料,如聚氨酯板、玻璃棉等。天气寒冷地区可降低羊舍净高,以维持羊舍温度。

2.墙壁

墙壁是羊舍的主要外围结构,要求墙体能够隔热、防潮,寒冷地区应选择导热系数较小的材料,如空心砖、铝箔波形纸板等作墙体。羊舍长轴应呈东西方向配置,北墙不设门,墙上设双层窗,冬季加塑料薄膜、草帘等。

3.地面

地面是羊活动直接接触的场所,地面冷热情况下直接影响羊体。石板、水泥地面坚固耐用,且能防水,但冷、硬,寒冷地区做羊床时应铺垫草、木板。羊舍的地面多数采用三合土和夯实土地面,这种地面在干燥状况下,具有良好的温热特性。而水泥地面又冷又硬,对羊极为不利。空心砖导热系数小,是好的羊舍地面材料,在其下面再加一层油毡或沥青防潮,效果较好。

4.选择有利的羊舍朝向

羊舍的设计以坐北朝南为好,运动场朝向以南向为好,有利保温采光。

5.防寒

冬季可通过提高饲养密度、铺设垫草来进行防寒。

（三）羊舍的通风换气

通风换气是为了排出羊舍内产生过多的水汽和热量，驱走舍内产生的有害气体和臭味。

1.羊舍的通风换气

羊舍的通风装置多采用流入排出式系统，进气管均匀设置在羊舍纵墙上，排气管均匀设置在羊舍屋顶上。进气管间距为2~4米，排气管间距1~2米。进气管可分别设置在纵墙距天棚40~50厘米处及距地面10~20厘米处，设调节板，控制进风量。冬季用上面的进气管，同时堵住下面的进风管，避免羊体受寒。夏季用下面的，有利羊体凉爽。排气管一般设置在羊床上方，沿屋脊两侧交错垂直安装在屋顶上，下端由天棚开始，上端高出屋脊0.5~0.7米，管内设调节板。排气管上设通风帽（图3-1）。

图3-1 通风帽

2.机械通风

机械通风方式里的负压通风比较简单、投资少、管理费用也较低，羊舍多采用。负压通风也叫排气式通风或排风，是通过风机抽出舍内的污浊空气，舍内空气压力变小，舍外新鲜空气通过进气口或进气管流入舍内而形成舍内外空气交换。

（四）羊舍的采光

1. 窗户面积

羊舍窗户面积越大，采光越好，窗户面积常用采光系数来表示。采光系数指窗户的有效采光面积与舍内地面面积之比。

2. 玻璃

干净的玻璃可以阻止大部分的紫外线，脏的玻璃可以阻止15%~19%可见光，结冰的玻璃可以阻止80%可见光。

三、肉羊场环境的监控和净化

肉羊场环境的监控和净化主要是靠消毒来完成的。消毒是指运用各种方法消除或杀灭饲养环境中的各类病原体，减少病原体对环境的污染，切断疾病的传染途径，达到防止疾病发生、蔓延，进而达到控制和消灭传染病的目的。消毒主要是针对病原微生物和其他有害微生物，并不是消除或杀灭所有的微生物，只是要求把有害微生物的数量减少到无害化程度。

（一）消毒的方法

1. 机械性消毒

主要是通过清扫、洗刷、通风、过滤等机械方法消除病原体。这是一种普通而又常用的方法，但不能达到彻底消毒的目的，只能作为一种辅助方法，需与其他消毒方法配合进行。

2. 物理消毒法

采用阳光、紫外线、干燥、高温等方法杀灭细菌和病毒。

3. 化学消毒法

用化学药物杀灭病原体的方法，在防疫工作中最为常用。选用消毒药时，应考虑杀菌谱广，有效浓度低，作用快，效果好；对人、畜无毒、无害；性质稳定，易溶于水，不易受有机物和其他物理因素的影响；使用方便，价格低廉，易于推广；无味、无臭，不损坏被消毒物品；使用后残留量少或副作用小等方面。

消毒液根据化学成分可分为以下几种。

（1）酚类消毒药　如石炭酸、来苏儿、克辽林、菌毒敌、农福等。

（2）醛类消毒药　如甲醛溶液、戊二醛等。

（3）碱类消毒药　如氢氧化钠、生石灰、草木灰水等。

（4）含氯消毒药　如漂白粉、次氯酸钙、三合二、二氯异氰尿酸钠、氯胺等。

（5）过氧化物消毒药　如过氧化氢、过氧乙酸、高锰酸钾、臭氧等。

（6）季铵盐类消毒药　如新洁尔灭、洗必泰、消毒净等。

4.生物消毒法

主要是常将污染的粪便堆积发酵，经过1~2个月，利用嗜热细菌繁殖时产生高达70℃以上的热即可将病毒、细菌、寄生虫卵等病原体杀死，既达到了消毒的目的，又保持了肥效。但本法不适用于炭疽等病原体引起的疫病，这类疫病的粪便应焚烧或深埋。

（二）消毒的设施

1.定期性消毒

一年内进行2~4次，至少于春秋两季各进行一次。羊舍内的一切用具每月应消毒一次。

图3-2　羊舍地面消毒

① 羊舍地面可选用下列药物进行消毒：5%~10% 热碱水、3% 苛性钠、3%~5% 来苏儿等喷雾消毒，用 20% 生石灰乳粉刷墙壁。

② 饲养管理用具、羊舍，围栏等，以 5%~10% 热碱水或 3% 苛性钠溶液或 3%~5% 来苏儿或臭药水溶液进行洗刷消毒。消毒后 2~6 小时，在放入羊只前对饲槽及栅栏用清水清洗。

③ 运动场应及时清扫，除去杂草后，用 5%~10% 热碱水或撒生石灰进行消毒。

2. 临时性消毒

羊群中检出并剔出结核病、布鲁氏菌病或其他疫病后，须对有关羊舍、用具及运动场进行临时性消毒。

布鲁氏菌病羊发生流产时，必须对流产物及污染的地点和用具进行彻底消毒。病羊的粪尿应堆积在距离羊舍较近的地方，进行生物热发酵后方可充当肥料。

产房每月进行一次大消毒，分娩室在临产羊生产前及分娩后各进行一次消毒。

凡属患有布鲁氏菌病、结核病等疫病死亡或淘汰的羊，必须在兽医防疫人员的指导下，在指定的地点剖解或屠宰，尸体应按国家的有关规定处理。处理完毕后，应对在场的工作人员、场地及用具彻底消毒。怀疑因炭疽病死亡的羊只则严禁解剖，应按国家有关规定处理。

（三）常规消毒管理

1. 清扫与洗刷

为了避免尘土及微生物飞扬，清扫运动场和羊舍时，先用水或消毒液喷洒，然后再清扫。主要是清除粪便、垫料、剩余饲料、灰尘及墙壁和顶棚上的蜘蛛网、尘土。

2. 消毒药喷洒或熏蒸

喷洒消毒液的用量为 1 升 / 米 ^{2}，泥土地面、运动场为 1.5 升 / 米 ^{2} 左右。消毒顺序一般从离门远处开始，以墙壁、顶棚、地面的顺序喷洒一遍，再从内向外将地面重复喷洒 1 次，关闭门窗 2~3 小时，然后打开门窗通风换气，再用清水清洗饲槽、水槽及饲养用具等。

3.饮水消毒

肉羊的饮水应符合畜禽饮用水水质标准，对饮水槽的水应隔3~4小时更换1次，饮水槽和饮水器要定期消毒，有条件时可用含氯消毒剂进行饮水消毒。

4.空气消毒

一般畜舍被污染的空气中微生物数量每立方米10个以上，当清扫、更换垫草、出栏时更多。空气消毒最简单的方法是通风，其次是利用紫外线杀菌或甲醛气体熏蒸。

5.消毒池的管理

有羊场的大门口应设置消毒池，长度不小于汽车轮胎的周长，2米以上，宽度应与门的宽度一样，水深10~15厘米，内放2%~3%氢氧化钠溶液或5%来苏儿溶液和草包。消毒液1周换1次。

6.粪便消毒

常用的粪便消毒是发酵消毒法。

（四）人员及其他消毒

①饲养管理人员应经常保持个人卫生，定期进行人畜共患病的检疫，并进行免疫接种。

②饲养人员进入畜舍时，应穿专用的工作服、胶靴等，并对其定期消毒。工作服采取煮沸消毒，胶靴用3%~5%来苏儿浸泡。

③饲养人员除工作需要外，一律不准在不同区域或栋舍之间相互走动，工具不得互相借用。所有进入生产区的人员，必须坚持在场区门前踏3%氢氧化钠溶液池、更衣室更衣、消毒液洗手。

④饲料的消毒。对粗饲料要通风干燥，经常翻晒和日光照射消毒，对青饲料防止霉烂，最好当日割当日喂。精饲料要防止发霉，要经常晾晒。

⑤羊体表消毒。主要方法有药浴、涂擦、洗眼、点眼、阴道子宫冲洗等。

⑥发生疫病羊场的防疫措施。及时发现，快速诊断，立即上

报疫情；对易感羊群进行紧急免疫接种，及时注射相关疫苗和抗血清，并加强药物治疗、饲养管理及消毒管理；对污染的圈、舍、运动场都要彻底的消毒。

第二节　小型羊场建筑设计

一、羊舍

（一）羊舍建造

1.羊舍面积

羊舍面积依羊的生产方向、品种、性别、年龄、生理状态、气候条件不同而有差异，一般以夏季防暑、防潮、通风和便于管理为原则。通常要求每只羊应占有的羊舍面积为：种公羊合养1.5~2.0 米^2、单养4~5 米^2；母羊0.8~1.6 米^2，春季产羔母羊2.3~2.5 米^2；育成羊0.6~0.8 米^2。农区多为传统的公、母、大、小混群饲养，其平均占地面积应为0.8~1.2 米^2。每栋为32.24 米×8.24 米计266 米^2。

地面通常称为畜床，是羊躺卧休息、排泄和生产的地方。地面的保暖与卫生状况很重要。羊舍地面有实地面和漏缝地面两种类型。实地面又以建筑材料不同有夯实黏土、三合土（石灰:碎石:黏土为1:2:4）、石地面、混凝土、砖地、水泥地、木质地面等。黏土地面易于去表换新，造价低廉，但易潮湿和不便消毒，干燥地区可采用。三合土地面较黏土地面好。石地面和水泥地面不保温、太硬，但便于清扫与消毒，砖地面和木质地面保暖，也便于清扫与消毒，但成本较高，适合于寒冷地区。饲料间、人工授精室可用水泥或砖铺地面，以便消毒。漏缝地面能给羊提供干燥的卧地。漏缝地面用软木条、竹片或镀锌钢丝网等材料做成，这样以便粪便漏下，便于清扫粪便，木条宽50 毫米，厚35 毫米，缝隙宽20 毫米，离地面高150~180 厘米，适用于成年绵羊和10 周龄羔羊。镀锌钢丝网眼要略小于羊蹄的面积，以免羊蹄漏下伤及羊身。

2. 羊舍的墙与门窗

墙在畜舍保温上起着重要的作用。砖墙是最常用的一种，其厚度有半砖墙、一砖半墙等，墙越厚，保暖性能越强。石墙坚固耐久，但导热性强，寒冷地区效果差。国际采用金属铝板、胶合板、玻璃纤维料建成保温隔热墙，效果很好。

羊舍门窗高度与面积不仅影响防寒防暑，而且影响通风与采光效果。一般要求羊舍高度不低于 2.5 米，门窗应朝阳，距地面高度不低于 1.5 米，门的宽度不少于 2.0 米（大群羊可适当放宽至 3.0 米）。按 200 只羊设一个门，要特别注意的是，门要朝外开。窗户一般宽 1.0~1.2 米，高 0.7~0.9 米。窗户的面积为地面面积的 1/15。窗户的分布及间距要均匀，以保证有良好的采光与通风效果。

3. 运动场

运动场也是饲喂场，应建在羊舍前面，其面积不小于羊舍面积的 2 倍。围墙高度不低于 1.5 米，地面应渗水力强并有向外倾斜的坡度以利排水。

4. 屋顶与天棚

屋顶具有防雨水和保温隔热的作用。其材料有陶瓦、石棉瓦、木板、塑料薄膜、油毡等，国际有采用金属板的。单坡式羊舍一般前高 2.2~2.5 米，后高 1.7~2.0 米，屋顶斜面呈 45° 角。

5. 建筑材料

羊舍建筑材料的选用要因地制宜，就地取材，方便经济。为保证羊舍坚固耐用，使用长久，在经济条件允许下，标准可适当高些，以免经常维修。一般以砖、木、钢筋、水泥结构为好。

（二）羊舍类型

小型肉羊场羊舍建筑类型依据气候条件、饲养要求、建筑场地、建材选用、传统习惯和经济实力的不同而不同。按羊床在舍内的排列可分为单列式、双列式；按羊舍长轴一侧是否有墙壁和其高度可分为敞开式、半敞开式和封闭式；按屋顶样式可分为单坡式、双坡式、圆拱式、半钟楼式、钟楼式等。

1. 棚舍式羊舍

棚舍式羊舍（图3-3）适宜在气候温暖的地区采用。特点是造价低、光线充足、通风良好。夏季可作为凉棚，雪雨天可作为补饲的场所。这种羊舍三面有墙，羊棚的开口在向阳面，前面为运动场。羊群冬季夜间进入棚舍内，平时在运动场过夜。

2. 窑洞式羊舍

窑洞式羊舍（图3-4）适宜于土质比较好的地区，特别是在山区使用。其特点是造价低，建筑方便，经久耐用，羊舍温度和湿度比较恒定，还有利于积粪。这种羊舍冬暖夏凉，舍内的温度变化范围小。其缺点是采光不足和通风性能差。若在建造时增加门窗的面积，并在窑洞的顶上开通风孔，可弥补这些不足。

图3-3　棚舍式羊舍　　　　图3-4　窑洞式羊舍

3. 楼式羊舍

其羊床多以木条、竹片为建筑材料，间隙1~1.5厘米，距地面高度1.5米。羊舍的南面或南北两面，一般只有1米高的墙，舍门宽1.5~2米。运动场在羊舍南面，其面积为羊舍的2~2.5倍。若将这类羊舍稍作修改，即将楼板距地面高度增至2.5米，则使用更为方便。干燥少雨季节，羊住楼下，既可防热，又可将干草贮存于楼上；霉雨季节，将羊只饲养于楼上，以防潮湿（图3-5）。

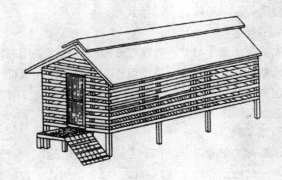

图 3-5　楼式羊舍

　　另外，草山草坡较多的地区适应这类地形地势条件，也可因地制宜地借助缓坡地修建楼式羊舍。修建此类羊舍的山地坡度为20°左右，羊舍离地面高度为1.2米，羊舍地面采用漏缝地板，屋顶用石棉瓦覆盖，四周用木条和竹片修建。由于羊舍背依山坡，因而应修建排水沟，以防雨水冲毁羊舍。这种羊舍结构简单，投资较少，通风防潮，防暑降温，清洁卫生，无粪尿污染，适合于天气炎热、多雨潮湿、缓坡草地面积较大的地区（图3-6）。

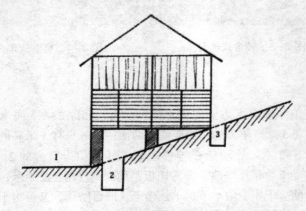

图 3-6　山区简易楼式羊舍
1—运动场；2—粪池；3—排水沟

4.房屋式

房屋式羊舍是羊场和农民普遍采用的羊舍类型之一。在炎热地区为羊只怀孕产羔期所使用，饮水、补饲多在运动场内进行，室内不设其他设备。羊舍多为砖木结构，建筑也多采用长方形式（图3-7）。

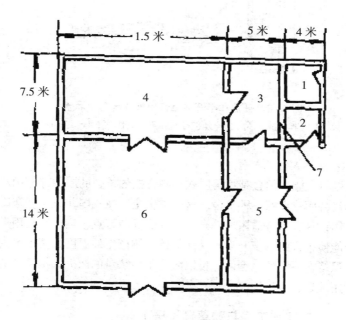

图3-7　房屋式羊舍结构

1—饲料室；2—饲养员室；3—产羔圈；4—母羊圈；
5—羔羊运动场；6—母羊运动场；7—观察窗

5.开放、半开放结合单坡式羊舍

这种羊舍由开放和半开放舍两部分组成，羊舍排列成"厂"字形，羊可以在两种羊舍中自由活动。在半开放羊舍中，可用活动围栏临时隔出或分隔出固定的母羊分娩栏。这种羊舍适合于炎热或当前经济较落后的牧区（图3-8）。

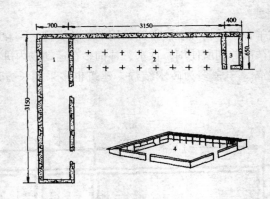

图 3-8　开放和半开放结合单坡式羊舍（厘米）
1—半开放羊舍；2—开放羊舍；3—工作室；4—运动场

6.塑料大棚式羊舍

塑料大棚式羊舍是将房屋式和棚舍式的羊舍的屋顶部分用塑料薄膜代替而建设的一种羊舍。这种羊舍主要在我国北方冬季寒冷地区使用，具有经济适用、采光保暖性能好的特点。它可以利用太阳的光能使羊舍的温度升高，又能保留羊体产生的温度，使羊舍内的温度保持在一定的范围内，可以防止羊体热量的散失，提高羊的饲料利用效果和生产性能。

二、饲料加工房与贮草棚（房）

羊场无论大小都要有建筑面积不同的饲料加工房和贮草棚。

（一）饲料加工房与饲料库

一般把饲料加工房与饲料库（图 3-9、图 3-10）合建为一栋房，建设形式为封闭式或半敞开式，要求地面及墙壁平整，房内（库内）通风良好、干燥、清洁，四周应设排水沟。饲料加工房与饲料库的建筑面积根据羊场规模来定，一般要求在 50~100 米^2，规模较大的羊场为 100~200 米^2。

图 3-9　封闭式饲料库　　　　图 3-10　饲料库

（二）贮草棚（房）

羊场应建有贮草棚（房），用于贮备青干草或农作物秸秆。贮草棚（房）的地面应高出外面地面一定高度，有条件的羊场离羊舍50~100 米的适当位置，可建成半开放式的双坡式或半圆式贮草棚（图 3-11），面积在 100~200 米^2，高度在 3~5 米。四周的墙敞开或用砖砌墙，屋顶用石棉瓦覆盖即可，这样的贮草棚（房）防雨防潮的效果更好。贮草棚（房）内的青干草或秸秆下面最好能用木架等物垫起，草堆与地面之间应有通风孔，这样可防止饲草霉变。

图 3-11　半圆式贮草棚

三、青贮设备

青贮的设备设施的种类有很多，主要有青贮窖、塔、池、袋、箱、壕及平地的青贮。青贮设备可采用土窖、砖砌、钢筋混凝土，也可用塑料制品、木制品或钢材制作。由于青贮过程中要产生较多的有机酸，因此永久性的青贮设备就要作防腐处理。青贮设备不论其结构、材质如何，只要能达到密闭、抗压、承重及装卸方便即可。

（一）地下式青贮设备

青贮窖（图3-12）和壕等全部位于地下，其深度应按地下水位的高低来决定，一般不超过3米为宜。窖壕过深，取用不便，过浅则装料太少，不利于借助原料自身的重力压实，容易发生霉变等。地下式青贮设备适用于地下水位低和土质坚实的地区，窖壕的底面与地下水位至少要保持0.5米的距离，以免底部出水。一般青贮窖深2.5~3米，侧壁可以呈现坡形，外有排水沟或安装排水管。修建青贮改良窖，可以距饲养棚较近处，选择地势高、地下水位低的空地，挖宽、深各1米的长方形窖，其长度可根据青贮数量的多少来决定（一般1米^{3}窖可以青贮玉米秸秆450~500千克，甘薯秧等700~750千克）。把长宽交接处切成弧形，底面及四周加一层无毒的聚乙烯塑料膜。薄膜用量计算：（窖长+1.5米）×2。

装料时高于地面20~30厘米，仔细用塑料薄膜将料顶部裹好，上面用粗质草或秸秆盖上，再加30厘米厚的泥土封严，窖的四周挖好排水沟。

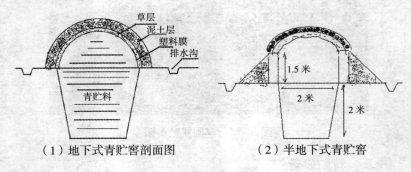

（1）地下式青贮窖剖面图　　　　（2）半地下式青贮窖

图3-12　青贮窖

（二）半地下式的青贮设备

青贮窖壕的部分位于地下，部分位于地上（图3-13）。若地下部分较浅，可利用挖出的湿黏土或用土坯、砖、石等材料向上垒砌1~1.7米高的壁。在砌成的壁上所有的孔隙都应用灰泥严密涂封，外面要用土培好。用黏土堆砌的窖壕壁厚度一般不应小于0.7米，以免漏气。这种临时性的半地下式设备比较省工、经济，如制成永久性的设备，可在壁的表面抹上水泥。

图3-13　青贮池

（三）地上式的青贮设备

地上式青贮设备如青贮塔，适用于在地势低洼、地下水位较高的地方采用。塔的高度应根据条件而定，如有自动装料的青贮切碎机，可以建高达7~10米，甚至更高的青贮塔。德国的青贮塔有的直径8~15米，高12~14米，用木板连接而成，装填青贮料要使用吹送机。一般青贮塔建在距离畜舍较近处，并在朝畜舍方向的塔壁，由下而上每隔1~1.5米的地方留一个窗口，便于取料。塔壁必须坚固不透气，可用钢筋加固，在用三合土和黏黄土堆砌时，塔壁的厚度不应小于0.7米。

国外多采用钢制的圆筒立式青贮塔，一般附有抽真空设备，此种结构密闭性能好，厌氧条件理想。用这种密闭式青贮塔调制低水分青贮料，其干物质的损失仅为5%，是当前世界上保存青贮饲料最好的一种设备，国外已有定型的产品出售。

另外一种是饲料青贮分格池，这种分格池贮料取料方便，可以避免因多次取料不慎造成的变质和浪费，特别是适宜于青贮料用量不大的农户。青贮分格池可以建在厨房或房前屋后的墙边，池的一边靠墙，其余三边用砖头或石块砌成，并用水泥或石灰抹光。口面为 0.5 米^2 左右的长方形或正方形，深 1.5~2 米。农户可以根据自己的需要和地势的宽窄，建若干个这样的小池连在一起，看起来就像一个大长方形池分成若干个格子，所以叫青贮分格池。每格可以青贮料 500~1 000 千克，贮料时不等料，装满一格封存一格；用料时，用完一格再开一格，格与格互不影响，适合农家养殖户青贮饲料。

青贮设备虽有各种各样，但是都必须具备以下的基本条件。

1. 不透空气

青贮窖（壕、塔）壁最好是用石灰、水泥等防水材料填充、涂抹，如能在壁裱衬一层塑料薄膜更好。

2. 不透水

青贮设备不要靠近水塘、粪池，以免污染水渗入。地下式或半地下式青贮设备的底面要高出历年最高地下水位以上 0.5 米，且四周要挖排水沟。

3. 内壁要平直

内壁要求平滑垂直，墙壁的角要圆滑，以利于青贮料的下沉和压实。

4. 要有一定的深度

青贮设备的宽度或直径一般应小于深度，宽深比为 1 :（1.5~2）为好，便于青贮料能借助自身的重量压实。

5. 防冻

地上式的青贮塔，在寒冷地区要有防冻设施，防止青贮料冻结。

青贮设备的贮藏量，可以套用下列公式估算：

圆形窖（塔）贮藏量 =（内半径的平方）× 3.14 × 高度 × 青贮料单位体积重量

（长度单位为米，重量单位是千克）

长方形窖塔的贮藏量＝长×宽×高×青贮料单位体积重量
单位体积青贮料的重要估算见下表。

表　单位体积青贮料的重量估算数

青贮料的名称	每立方米青贮料的重量（千克）
青贮全玉米秸秆、向日葵秸秆	500~550
青贮玉米秸秆（切碎，以下同）	450~500
甘薯秧	700~750
萝卜缨，芜菁叶	600
叶菜类	800
牧草，野草类	600

（四）青贮袋

近年来，我国大力推广袋装调制青贮料（图3-14）。此袋为
一种特制的塑料大袋，袋长可达36米，直径2.7米，塑料薄膜用
两层帘子线增加强度，非常结实。目前，德国用一种厚0.2毫米，
直径24米的聚乙烯塑料薄膜圆筒袋青贮。这种塑料袋长60米，
可根据需要剪裁。袋式青贮损失少，成本低，适应性强，可推广
利用。

图3-14　青贮袋

四、水井

如果羊场无自来水，应挖掘水井。水井应离羊舍 100 米以上。为保护水源不受污染，水井应设在羊场污染源的上坡上风方向，井口应高出地平面，并加盖，井口周围修建井台和围栏。

第三节　小型肉羊场的主要设备

一、饲槽、水槽

（一）饲槽

饲槽主要用来饲喂精料、颗粒料、青贮料、青草或干草。根据建造方式主要分为固定式和移动式两种。另外，要在运动场设置水槽，可用水泥制成，形状大小同饲槽。

固定式饲槽依墙或在场中用砖、石、水泥等砌成的一行或几行固定式饲槽，要求上宽下窄，槽底呈现圆形（图 3-15、图 3-16）。

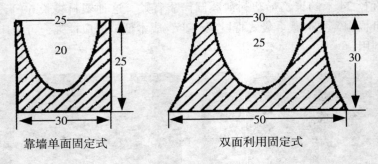

靠墙单面固定式　　　　双面利用固定式

图 3-15　固定式饲槽（厘米）

图 3-16 固定式饲槽

移动式饲槽多用木料或铁皮制作，具有移动方便、存放灵活的特点（图 3-17、图 3-18）。

图 3-17 移动式料槽

图 3-18 木制料槽

（二）水槽

在羊的运动场的中间可以设固定式水槽或放置水盆，供羊饮水用（图 3-19、图 3-20）。

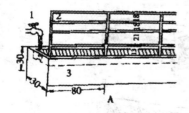
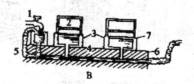

图 3-19 水槽（厘米）

A 水沟式 B 连通式

1—水龙头；2—羊栏；3—水槽；4—水管；
5—软管（水位控制及排污水用）；6—地平线；7—水平线

图 3-20　水槽

二、饲草架

　　饲草架是喂粗饲料、青绿饲草的专用设备，它可以减少饲草浪费，避免羊毛污染。各地饲草架的形状及大小不尽一致，有靠墙设置固定的单面草架，也有在运动场中央设置的双面草架。活动式草架多采用木料制作（也可用厚铁皮），有的同时还可用于补饲精料。

　　草料架形式多种多样，有专供喂粗料的草架，有供喂粗料和精料两用的联合草料架，有专供喂精料用的料槽。添设料架总的要求是不使羊只采食时相互干扰，不使羊脚踏入草料架内，不使架内草

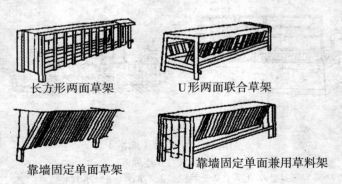

长方形两面草架　　　　　　U形两面联合草架

靠墙固定单面草架　　　　　靠墙固定单面兼用草料架

图 3-21　草架

料落在羊身上影响到羊毛质量。一般在羊栏上用木条做成倒三角形的草架，木条间隔一般为9~10厘米，让羊在草架外吃草，可减少浪费，避免草料污染（图3-21）。

三、分羊栏

分羊栏供羊分群、鉴定、防疫、驱虫、测重、打号等生产技术性活动中使用。分羊栏由许多栅板连接而成，在羊群的入口处成为喇叭形，中部为一小通道，可容许绵羊单行前进。沿通道一侧或两侧，可根据需要设置3~4个可以向两边开门的小圈。利用这一设备，就可以把羊群分成所需的若干小群（图3-22）。

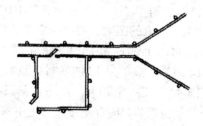

图3-22 分羊栏

四、活动围栏

活动栏可供随时分隔羊群之用。在产羔时，也可以用活动围栏临时间隔为母子小圈、中圈等。通常有重叠围栏、折叠围栏和铁管钢筋制作的等几种类型（图3-23至图3-25）。

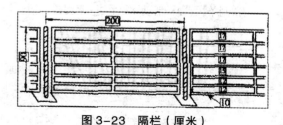

图3-23 隔栏（厘米）

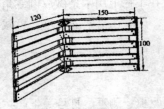

图 3-24　木质活动栅栏

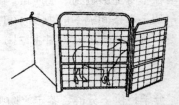

图 3-25　铁管钢筋围栏

五、栏杆与颈夹

羊舍内的栏杆，材料可用木料，也可用钢筋，形状多样，公羊栏杆高 1.2~1.3 米，母羊 1.1~1.2 米，羔羊 1.0 米。靠饲槽部分的栏杆，每隔 30~50 厘米的距离，要留一个羊头能伸出去的空隙，该空隙上宽下窄。母羊上部宽为 15 厘米，下部宽为 10 厘米，公羊为 19 厘米与 14 厘米，羔羊为 12 厘米与 7 厘米。

每 10~30 只羊可安装一个颈夹，以防止羊只在喂料时抢食和有利于打针、修蹄。检查羊只时保定颈夹可上下移动也可左右移动（图 3-26、图 3-27）。

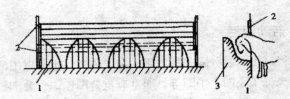

图 3-26　铁制羊栏颈夹

1—铁制羊栏；2—活动铁框；3—水泥砖饲槽

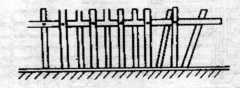

图 3-27　木制羊栏颈夹

六、药浴设备

（一）大型药浴池

大型药浴池可供大型肉羊场或肉羊较集中的乡村药浴使用，一般小型肉羊场不建议使用。这种药浴池用水泥、砖、石等材料砌成为长方形，似狭长而深的水沟。长 10~12 米，池顶宽 60~80 厘米，池底宽 40~60 厘米，以羊能通过不能转身为准，深 1.0~1.2 米。入口处设漏斗形围栏，使羊依顺序进入药浴池。浴池入口呈陡坡，羊走入时可迅速滑入池中，出口有一定倾斜坡度，斜坡上有小台阶或横木条，其作用一是不使羊滑倒；二是羊在斜坡上停留一些时间，使身上残存的药液流回药浴池（图 3-28、图 3-29）。也有的分成浅水淋浴和深水洗浴两段（图 3-30）。

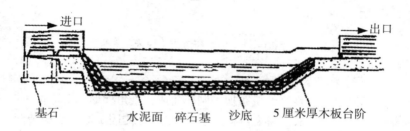

图 3-28 药浴池纵剖面

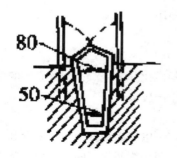

图 3-29 药浴池横剖面（厘米）

图 3-30 大型药浴池

91

（二）小型药浴槽、浴桶、浴缸

小型浴槽液量约为 1 400 升，可同时将两只成年羊（小羊 3~4 只）一起药浴，并可用门的开闭来调节入浴时间（图 3-31）。这种类型适宜小型羊场使用。

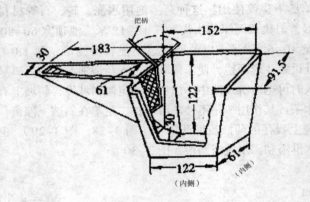

图 3-31　小型药浴槽（厘米）

（三）帆布药浴池

用防水性能良好的帆布加工制作而成，直角梯形，上边长 3.0 米、下边长 2.0 米，深 1.2 米、宽 0.7 米，外侧固定套环。安装前按浴池的大小形状挖一土坑，然后放入帆布药浴池，四边的套环用铁钉固定，加入药液即可进行工作。用后洗净，晒干，以后再用。这种设备体积小、轻便，可以反复使用。

七、饲草、饲料加工设备

饲养肉羊要达到优质、高效、规模化养羊生产，配置必要的养羊机械，方可提高劳动效率，降低生产成本。

（一）切草机

切草机主要用于切短茎秆类饲草，以提高秸秆饲料的采食利用率。按机型可分为大、中、小型，按照切割部件不同，可分为滚刀式切碎机、圆盘式切碎机两种。现以滚刀式切草机（图 3-32）为例介绍工作程序：切草时，人工填料入输送链，由上、下喂入辊作相反方向转动，夹紧喂入的饲草向前移动，由转动的滚筒上的动刀片和底刃板上的定刀片摩擦产生切割作用，把饲草切成碎节，由风扇送出。

图3-32　滚刀式切草机

（二）粉碎机

粉碎机主要用于对粗饲料和精饲料的粉碎，是舍饲养羊必备的饲料加工设备（图3-33、图3-34）。常用的饲料粉碎机为锤片式粉碎机，粉碎机底部安有筛片，通过筛片上孔的大小来控制饲料粒度的大小。当粉碎玉米秸秆时，筛片上的孔可以稍大些，孔径可

图3-33　常用精饲料粉碎机

图3-34　常用粗饲料粉碎机

在 10~15 毫米；粉碎精饲料时孔径稍小些。对羊的饲料粒度要大一些。

（三）颗粒饲料机

颗粒饲料机是一种可将混合饲料制成颗粒状饲料的加工设备（图 3-35）。精饲料经粉碎后可以和粗饲料、微量元素饲料、矿物质饲料等混合后制成颗粒，不仅可以提高饲料利用率，有利于咀嚼和改善适口性，防止羊挑食，减少饲料的浪费，而且还具有体积小、运输方便、易贮存等优点。

图 3-35　颗粒饲料机

第四章
科学使用饲草饲料，向成本要效益

第一节　肉羊常用饲料种类

肉羊的饲料种类极为广泛，在各种植物中，肉羊最喜欢采食比较脆硬的植物茎叶，如灌木枝条、树叶、块根、块茎等。树枝、树叶可占其采食量的 1/3~1/2。灌木丛生、杂草繁茂的丘陵、沟坡是放牧肉羊的理想地方。肉羊的饲料按来源可分为青绿饲料、粗饲料、多汁饲料、精饲料、无机盐饲料、特种饲料等。

一、青绿饲料

青绿饲料水分多（75%~90%），体积大，粗纤维含量少，含有易吸收的蛋白质、维生素，无机盐也很丰富，是成本低、适口性好、营养较完善的饲料。

青杂草种类很多，产量较低，其营养价值取决于气候、土壤、植物种类、收割时间。

青绿牧草是专门栽培的牧草，产量高、适口性好、营养价值高。

青割饲料是指把杂粮作物如玉米、大麦、豌豆等密植，在籽实未成熟之前收割下来饲喂山羊，总营养价值比收获籽实后收割的高出 70%。

青树叶即一些灌木、乔木的叶子，如榆、杨、刺槐、桑、白杨等树叶，蛋白质和胡萝卜素丰富，水分和粗纤维含量较低。

二、粗饲料

粗饲料是山羊冬、春季主要食物，包括各种青干草、作物秸秆、秕壳。特点是体积大、水分少、粗纤维多，可消化营养少，适口性差。

（一）青干草

包括豆科干草、禾本科干草和野干草，以豆科青干草品质最好。禾本科牧草在抽穗期，豆科牧草在花蕾形成期收割，叶子不易脱落，并含有较多的蛋白质、维生素和无机盐。经 2~3 个晴天，可晾晒成质量较好的青干草，中间遇雨草会变黄或发霉，质量下降。青干草应存放在干燥地方，防止雨淋变质。

（二）秸秆和秕壳

各种农作物收获籽实后，剩余的秸秆、茎蔓等，有玉米秸、麦秸、稻草、谷草、大豆秧、黑豆秸，营养价值较低。经过粉碎、碱化、氨化和微贮等处理后，适口性和营养价值会有较大的提高。

三、多汁饲料

多汁饲料包括块根、块茎、瓜类、蔬菜、青贮等。水分含量很高，其次为碳水化合物，干物质含量很少，蛋白质少，钙微、磷少，钾多、胡萝卜素多。粗纤维含量低，适口性好，消化率高。

四、精饲料

精饲料主要是禾本科和豆科作物的籽实以及粮油加工副产品，如玉米、大麦、高粱等谷类，大豆、豌豆等豆类以及麸皮、饼类、粉渣、豆腐渣等。

精饲料具有可消化营养物质含量高、体积小、水分少、粗纤维含量低和消化率高等特点。但此类饲料由于价格高，所以，常作为羊的补充饲料。如冬季羊的补饲、妊娠母羊的补饲、哺乳羔羊及羔羊育肥的补饲、配种期公母羊的补饲和病残瘦弱羊的补饲等。

五、动物性饲料

动物性饲料主要来源于畜禽和水产品的废弃物，如肉屑、骨、血、皮毛、内脏、头尾，蛋壳等，具有营养价值高、蛋白质和必需氨基酸的含量丰富、饲养成本高、有气味、细菌含量较高、不宜久存的特点。对羊来说用处不大，但由于其特殊的营养作用，是不可缺少的饲料之一。

六、无机盐及其他饲料

无机盐是用来补充日粮中无机盐的不足，能加强羊的消化和神经系统的功能，主要有食盐、骨粉、贝壳粉、石灰石、磷酸钙以及各种微量元素，一般用作添加剂。食盐可以单独饲喂，其他与精料混合使用。

七、非蛋白氮饲料

非蛋白氮饲料可作为羊的蛋白质的补充来源。羊可以在瘤胃微生物的作用下利用非蛋白氮转变成菌体蛋白，提高蛋白质的品质，并在肠道消化酶的作用下和天然蛋白质一样可被羊消化利用。常用的非蛋白氮饲料有尿素、硫酸铵、碳酸氢铵、多磷酸铵、液氮等。非蛋白氮饲料是羊的一种蛋白质补充饲料，在羊的饲料中用量较少，过量使用会使羊发生中毒现象，使用时要小心。

八、维生素饲料

维生素饲料主要存在于青绿饲料中，由于羊瘤胃可以合成维生素，所以一般不需要补充维生素。但病态羊、羔羊和冬季缺乏青饲料很容易发生维生素缺乏症，因此，应补充维生素饲料。

九、添加剂饲料

添加剂饲料在羊的饲料中用量较少。

第二节　肉羊饲料的营养成分

一、饲料的一般成分

饲料的一般成分包括：水分、粗蛋白质、粗脂肪、粗纤维、灰分、无氮浸出物 6 种，在营养成分中还包括能量。其组成物质见表4-1。

表4-1　饲料中6种成分的组成物质

粗略分析成分		各 种 成 分 的 组 成 物
有机物	水分	水和可能存在的挥发物质
	粗蛋白质	纯蛋白质、氨基酸、氧化物、硝酸盐、含氧的糖苷、糖脂质、B 族维生素
	粗脂肪	油脂、油、蜡、有机物、固醇类、色素、维生素 A、维生素 D、维生素 E、维生素 K
	粗纤维	纤维素、半纤维素、木质素
	无氮浸出物	单糖类、果浆糖、淀粉、果胶、有机酸类、树脂、单宁类、色素、水溶性维生素
无机物	灰分	常量元素：钙、钾、镁、钠、硫、磷、氯
		微量元素：铜、铁、锰、锌、钴、碘、硒、钼

二、各类饲料的营养特性

（一）各种牧草的营养特性

1. 豆科牧草的营养特性

豆科牧草所含的营养物质丰富、全面，特别是干物质中粗蛋白质占 12%~20%，含有各种必需氨基酸，蛋白质的生物学价值高，钙、磷、胡萝卜素和维生素都较丰富。豆科牧草的青草粗纤维的含量较少，柔嫩多汁，适口性好，容易消化。无论青草还是干草都是羊最喜欢采食的牧草之一。

（1）苜蓿草　所属的植物在世界上共有 60 多种，其中，具代表性的草种有：紫花苜蓿、黄花苜蓿、金花菜等。紫花苜蓿的种植面积较广，适应性强、产量高、品质好、适口性好，称为苜蓿之王。苜蓿干草中含粗蛋白质在 18% 左右，是各类家畜的上等饲料，苜蓿为多年生植物，每年能收割 2~4 次，每亩（1 亩 ≈ 667 米²）可产鲜草 3 000 ~ 5 000 千克。人工种植的苜蓿主要用于刈割，用作青草和晒制干草，但不宜用作放牧地。这是因为苜蓿地用作放牧地时，一是家畜踩踏严重，牧草浪费较大；二是苜蓿中含有一种有毒物质——皂素（苷），在青饲料或放牧采青中容易使羊中毒，发生瘤胃臌气，抢救不及时会造成死亡。特别是幼嫩苜蓿，空腹放牧和雨后放牧更容易中毒，发病快，死亡率高。

（2）黄芪属牧草　又名紫云英属，世界上约有 1 600 种，其主要的代表品种有紫云英、沙打旺、百脉根、柱花草等。在我国栽培的主要有南方的紫云英、北方的沙打旺。

紫云英又名红花草，在我国的南方种植较广泛，紫云英牧草产量高，蛋白质含量丰富，且富含各种矿物质元素和维生素，鲜嫩多汁，适口性好。鲜草的产量一般为每亩（1 亩 ≈ 667 米²）1 500 ~ 2 500 千克，一年可收割 2~3 次。现蕾期牧草的干物质中的粗蛋白质含量很高，可达 31.76%；粗纤维的含量较低，只有 11.82%。紫云英无论是青饲、青贮和干草都是羊较好的饲草。

沙打旺又名直立黄芪、薄地草、麻豆秧、苦草。其生长迅速，产量高，再生力强，耐干旱，适应性好，是饲料、固沙、水土保持的优良牧草品种。在我国北方地区的河北、河南、山东、陕西、山西、吉林等地广泛栽培。一般每亩（1 亩 ≈ 667 米²）可产鲜草 2 100 ~ 3 000 千克，高的可达 5 000 千克左右。沙打旺茎叶鲜嫩，营养丰富，干物质中粗蛋白质的含量可达 14.55%。无论青饲还是青贮、干草都是羊较好的饲草。

（3）红豆草　是一个古老的栽培品种，在我国许多地方都有种植，具有产草量高、适口性好、抗寒耐旱和营养价值高的特点。饲喂牛羊不会产生臌胀病，饲喂安全，是羊喜食的牧草品种。红豆草为多年生牧草，寿命为 7~8 年，为种子繁殖。产草高峰在第二年至第四年。在合理的栽培管理下可维持 6~7 年的高产。有关资料表明，红豆草第一年至第七年每 667 米^2 的产量分别为 1 633.4 千克、2 865 千克、3 666.8 千克、3 444.2 千克、3 133.4 千克、2 700.1 千克和 1 667.5 千克，每年刈割 3 次。粗蛋白质的含量为 14.45%~24.75%，无氮浸出物的含量为 37.58%~46.01%，钙的含量较高，为 1.63%~2.36%。

2. 禾本科牧草的营养特性

禾本科牧草种类很多，是羊的主要采食的牧草。因其分布广，在所有牧草中占的比重有非常重要的位置。但粗蛋白质含量低，良好的禾本科牧草营养价值往往不亚于豆科牧草，富含精氨酸、谷氨酸、赖氨酸、聚果糖、葡萄糖、果糖、蔗糖等，胡萝卜素含量亦高。

（1）黑麦草　在世界上有二十多种，其中，有经济价值的为多年生黑麦草和一年生黑麦草。黑麦草在我国南方各地试种情况良好，在我国北方也有种植。黑麦草生长快，分蘖多，繁殖力强，刈割后再生能力强、耐牧，茎叶柔嫩光滑，适口性好，营养价值高，是羊较好的饲草。黑麦草喜湿润性气候，易在夏季凉爽、冬季不过于寒冷的地方栽培，一般年降水量在 500~1 000 毫米的地区均可种植，每 667 米^2 的播种量为 1 000~1 500 千克。黑麦草的产量较高，春播当年可刈割一次，翌年盛夏可刈割 2~3 次，每 667 米^2 总产量为 4 000~5 000 千克，在土壤条件好的牧地可产鲜草 7 500 千克以上。用黑麦草喂羊时应在抽穗前刈割，开花前期干物质中的粗蛋白质含量为 15.3%，粗纤维含量为 24.6%。利用期推迟，干物质中的粗蛋白质减少，粗纤维含量增加，消化率下降，饲用价值降低。在我国中部及北部一年一熟的农业种植地区可推行以黑麦草－大豆，黑麦草－玉米，黑麦草－油葵等种植制度，这样不仅可以解决羊春季的饲草，还可以实现一年两熟制，提高农田单位面积的生物总产量。

（2）无芒雀麦　又名雀麦、无芒麦、禾萱草，为世界最重要的禾本科牧草之一，在我国的东北、西北、华北等地均有分布。无芒雀麦是一种适应性广、生命力强、适口性好、饲用价值高的牧草，也是一种极好的水土保持植物，并耐旱，为禾本科牧草中抗旱最强的一种牧草。无芒雀麦属多年生牧草，有地下茎，能形絮结草皮，耐践踏，再生力又强，刈、牧均宜，是建立打草场和放牧场的优良牧草。无芒雀麦春季生长早，秋季生长时间长，可供放牧时间长，采用轮牧较连续放牧对草地的利用效果要好。无芒雀麦每667米²的播种量为1~2千克，每年可收割两次，每亩可产青草3 000千克。在营养生长期干物质中的粗蛋白质含量为20.4%，抽穗期的粗蛋白质含量为14%，种子成熟期的粗蛋白质含量较低，为5.3%。

（3）羊草　又名碱草，是我国北方草原地区分布很广的一种优良牧草。在东北、内蒙古高原、黄土高原的一些地方，羊草多为群落的优势种或建群种。羊草由于适应性强、饲用价值高、容易栽培、抗寒耐旱耐盐碱、耐践踏，是我国重点推广的优良牧草品种。它既行有性繁殖，又行无性繁殖。有性繁殖靠种子播种每667米²播种量为2.5~3.5千克；无性繁殖靠根茎的伸长的新芽，由芽长成新株，形成大片密集群丛。羊草主要供放牧和割草用，晒制的干草品质优良，干物质中粗蛋白质含量为13.53%~18.53%，无氮浸出物为22.64%~44.49%，是冬季很好的饲草。干草的产量因条件不同差别很大，在肥水充足、管理良好的条件下，每667米²可产干草250~300千克，最高的可达500千克（鲜草1 700~2 000千克）。

（4）披碱草　又名野麦草，广泛分布于我国的东北、西北和华北等地区，成为草原植被中重要组成部分，有时出现单纯的植被群落，是我国主要的禾本科牧草品种之一。具有适应性强、抗旱、耐寒、耐瘠、耐碱、耐涝等特点。披碱草为多年生植物，利用期为4~5年，其中，以第二、第三年长势最好，产量最高，第四年以后的生长逐渐衰退，产量下降。披碱草在春夏秋冬都播种，播种前需将种子脱芒，每667米²的播种量为1~2千克。披碱草可供放牧和刈割晒制干草，每年割1~2次，每667米²可产干草200~300千克，干草中粗蛋白质的含量为7.45%，无氮浸出物为33.79%。

（5）象草　又名紫狼尾草，是一种高秆牧草品种，株高可达2米以上，是我国南方主要种植的牧草品种之一。象草具有产量高、管理粗放、利用期长、适口性好的特点，是羊青饲料的主要来源之一。象草的生长期为 3~4 年，生长期长，刈割次数多，在生长旺期，每隔 20~30 天刈割一次。一般每 667 米^2 可产鲜草 1 500~2 500 千克，干草中粗蛋白质含量为 10.58%，无氮浸出物为 44.7%。

3. 菊科牧草的营养特性

菊科牧草主要有普那菊苣。普那菊苣是新西兰 20 世纪 80 年代初选育的饲用植物新品种。山西省农业科学院畜牧兽医研究所于 1988 年率先引进，1997 年全国牧草品种审定委员会评审认定为新品种，品种登记号为 182。该品种为多年生草本植物，生长速度快，产量高，每亩可产鲜草 6 000~10 000 千克。开花初期含粗蛋白质为 14.73%，适口性好，羊非常喜欢吃。

（二）秸秆类饲料的营养特性

1. 玉米秸秆

玉米是我国种植面积较广的农作物品种，玉米秸秆以收获方式分为收获籽实后的黄玉米秸秆或干玉米秸秆，籽实未成熟即行青刈的称为青刈玉米秸秆。青刈玉米秸秆的营养价值高于黄玉米秸秆，青嫩多汁，适口性好，胡萝卜素含量较多，为 3~7 毫克/千克，可青喂、青贮和晒制干草供冬春季饲喂。青刈玉米秸秆干草中粗蛋白质含量为 7.1%，粗纤维为 25.8%，无氮浸出物为 40.6%。黄玉米秸秆具有光滑的外皮，质地坚硬，粗纤维含量较高，维生素缺乏，营养价值较低，粗蛋白质含量为 2%~6.3%，粗纤维含量为 34% 左右。但由于羊对饲料中粗纤维的消化能力较强，消化率在 65% 左右，对无氮浸出物的消化率亦在 60% 左右，且玉米的种植面积广，秸秆的产量高，所以，玉米秸秆仍为舍饲羊的主要饲草之一。生长期短的春播玉米秸秆比生长期长的玉米秸秆粗纤维含量少，易消化。同一株玉米，上部的比下部的营养价值高，叶片较茎秆营养价值高，玉米秸秆的营养价值又稍优于玉米芯。

2. 稻草

稻草是我国南方农区主要的饲料来源，其营养价值低于麦秸。粗纤维含量为 34% 左右，粗蛋白质含量为 3%~5%。稻草中含硅较高，达 12%~16%，因而消化率低，钙质缺乏，单纯喂稻草效果不佳，应进行饲料的加工处理。

3. 麦秸

麦类秸秆是难消化、质量较差的粗饲料。小麦秸是麦类秸秆中产量较高的秸秆饲料，粗纤维含量较高，并有难利用的硅酸盐和蜡制。羊单纯采食麦秸类饲料，饲喂效果不佳，容易上火（有的羊饲用麦秸后口角溃疡，群众俗称"上火"）。在麦秸中燕麦秸、荞麦秸的营养价值高，适口性也好，是羊的好饲料。

4. 谷草

谷草是粟的秸秆，也就是谷子的秸秆，质地柔软厚实，营养丰富，可消化粗蛋白质及消化总养分较麦秸、稻草高。在禾谷类饲草中，谷草的主要用途是制备干草，供冬春季饲用，是骡、马的优质饲草。但对羊来说长期饲喂谷草不上膘，有的羊可能消瘦，按群众的说法：谷草属凉性饲草，羊吃了会拉膘（即掉膘）。

5. 豆秸

豆秸是各类豆科作物收获籽实后的秸秆的总称，它包括大豆、黑豆、豌豆、蚕豆、豇豆、绿豆等的茎叶，它们都是豆科作物成熟后的副产品。豆秸在收获后叶子大部分已凋落，即使有一部分叶子也已枯黄，茎也多木质化，质地坚硬，粗纤维含量较高，但粗蛋白质含量和消化率较高，仍是羊的优质饲料。在籽实收获的过程中，经过碾压，豆秸被压扁，豆荚仍保留在豆秸上，这样使得豆秸的营养价值和利用率都得到提高。青刈的大豆秸叶的营养价值近似紫花苜蓿。在豆秸中蚕豆秸和豌豆秸的蛋白质含量最多，品质最好。

6. 花生藤、甘薯藤及其他蔓秧类

花生藤和甘薯藤都是收获地下根茎后的地上茎叶部分，这些藤类虽然产量不高，但茎叶柔软，适口性好，营养价值和采食率、消化率都高。花生藤、甘薯藤干物质中粗蛋白质含量分别为 16.4% 和 26.2%，是羊极好的饲草。其他蔓秧类如西红柿秧、茄子秧、南瓜秧、豆角秧、豇豆藤、马铃薯藤等藤秧类，无论从适口性还是从营养价值方面都是羊的好饲草，应当充分利用。

（三）精饲料（籽实类饲料及加工副产品）的营养特性

精饲料是富含无氮浸出物与消化总养分、粗纤维低于18%的饲料。这类饲料含蛋白质有高有低，包括谷实、油饼与磨房工业副产品。精饲料可分为：碳源饲料与氮源饲料，即能量饲料和蛋白质饲料。

1. 谷实类饲料（能量饲料）

能量饲料是主要利用其能量的一些饲料。其蛋白质含量低于20%，含粗纤维低于18%，能量饲料的主体是谷物饲料。有些蛋白质补充含有较高的能量，也是能量饲料的范畴，但由于其主要的营养特点是蛋白质含量高，用于饲料中的蛋白质补充，故划分在蛋白质饲料类。

谷实类饲料是精饲料的主体，含大量的碳水化合物（淀粉含量高），粗纤维含量少，适口性好，粗蛋白质含量一般不到10%，淀粉占70%左右，粗脂肪、粗纤维及灰分各占3%左右，水分一般占13%左右。由于淀粉含量高，故将谷实类饲料又称为能量饲料，能量饲料是配合饲料中最基本的和最重要的饲料，也是用量最大的饲料。谷实类饲料虽在羊所采食的饲料（包括草）中虽占的比例不大，但却是羊最主要的补饲饲料。谷实类饲料的饲用方法一般是稍加粉碎即可，不宜过细，以免影响羊的反刍。最常用和最经济的谷实类饲料有以下几种。

（1）玉米　是谷实类饲料中的代表性饲料，是所有精饲料中应用最多的饲料。玉米产量高、适口性好、营养价值也高。玉米干物质中粗蛋白质含量在7%左右，粗纤维含量仅为1.2%，无氮浸出物高达73.9%；消化能也高，大约为每千克15兆焦。但玉米所含的蛋氨酸、胱氨酸、钙、磷、维生素较少，在饲料的配合中应和其他饲料配合，使日粮营养达到平衡。

（2）高粱　是重要的精饲料，营养价值和玉米相似。主要成分为淀粉，粗纤维少，可消化养分高，粗蛋白质含量为7%~8%，但质量差，含有单宁，有苦味，适口性差，不易消化。高粱中含钙少，含磷多，粗纤维含量也少；烟酸含量多，并含有鞣酸，有止泻作用，饲喂量大时容易引起便秘。

（3）大麦　是一种优质的精饲料，其饲用价值比玉米稍佳，适口性好，饲料中的粗蛋白质含量为12%，无氮浸出物占66.9%，氨基酸的含量和玉米差不多。钙、磷的含量比玉米高，胡萝卜素和维生素D不足，硫胺素多，核黄素少，烟酸的含量丰富。

（4）燕麦　是一种很有价值的饲料，适口性好，籽实中含有较丰富的蛋白质，粗蛋白质含量在10%左右，粗脂肪含量超过4.5%，比小麦和大麦多一倍以上。燕麦的主要成分为淀粉，但粗纤维含量高，在10%以上，营养价值高于玉米。燕麦含钙少，含磷多，胡萝卜素、维生素D、烟酸含量比其他的麦类少。

2. 糠麸类饲料

糠麸类饲料是谷实类饲料经制粉、碾米加工的主要副产品，同原料相比无氮浸出物较低，其他各种营养成分的含量普遍高于原料，特别是粗蛋白质、矿物质元素和维生素含量较高，是羊很好的饲料来源之一。常用的糠麸类饲料有麦麸、米糠、稻糠、玉米糠。

麦麸是糠麸类饲料中用量最大的饲料，广泛用于各种畜禽的配合日粮中。麦麸具有适口性好，质地膨松、营养价值高、使用范围广的特点和轻泻作用。饲料中的粗蛋白质含量在11%~16%，含磷多，含钙少，维生素的含量也较丰富。在夏季可多喂些麸皮，可起到清热泻火的作用，由于麦麸中的含磷量多，采食过多会引起尿道结石，特别是公羊表现比较明显，公羔表现更为突出。麦麸在饲料中的比例一般应控制在10%~15%，公羔的用量应少些。

稻糠是水稻的加工副产品，包括砻糠和米糠。砻糠是粉碎的稻壳，米糠是去壳稻粒的加工副产品，是大米精制时产生的果皮、种皮、外胚乳和糊粉层等的混合物。砻糠的体积较大，质地粗硬，不易消化，营养价值低于米糠。由于稻糠带芒，作为羊的饲料时带芒的稻壳容易黏附在羊的胃壁上，形成一层稻壳膜，影响羊的正常消化，甚至致病、消瘦、死亡，故饲喂稻糠时一定要粉碎细致。米糠的营养价值高，新鲜米糠适口性也好，在羊的日粮中可占到15%左右。

3. 饼粕类饲料（蛋白质饲料）

粗蛋白质在 20% 以上的饲料归为蛋白质饲料。饼粕类饲料是富含油的籽实经加工榨取植物油后的加工副产品，蛋白质的含量较高，是蛋白质饲料的主体。通常含较多的蛋白质（30%~45%），适口性较好，能量也高，品质优良，是羊瘤胃中微生物蛋白质的氮的前身。羊可以利用瘤胃中的微生物将饲料中的非蛋白氮合成菌体蛋白，所以在羊的一般日粮中蛋白质的需求量不大。但蛋白质饲料仍是羊饲料中必不可少的饲料成分之一，特别是对于羔羊的生长发育期、母羊的妊娠期的营养需求显得特别重要。这些饲料主要有以下几种。

（1）豆饼、豆粕　是我国最常用的一种植物性蛋白质饲料，营养价值高，价格又较鱼粉及其他动物性蛋白质饲料低，是畜禽较为经济和营养较为合理的蛋白质饲料。一般来说，豆粕较豆饼的营养价值高，含粗蛋白质较豆饼高 8%~9%。大豆饼（粕）较黑豆饼（粕）的饲喂效果好。在豆饼（粕）的饲料中含有一些有害物质和因子，如抗胰蛋白酶、尿素酶、血球凝集素、皂角苷、甲状腺诱发因子、抗凝固因子等，其中，最主要的是抗胰蛋白酶。饲喂这些饲料时应进行加工处理，最常用的方法是在一定的水分条件下进行加热处理。经加热后这些有害物质将失去活性，但不宜过度加热，以免影响和降低一些氨基酸的活性。

（2）棉籽饼　是棉籽提取后的副产品，一般含粗蛋白质 32%~37%，产量仅次于豆饼，是反刍家畜的主要蛋白质饲料来源。棉籽饼的饲用价值与豆饼相比，蛋白质的含量为豆饼的 79.6%，消化能也低于豆饼，粗纤维的含量较豆饼高，且含有有毒物质棉酚，在饲喂非反刍畜禽时使用量不可过多，喂量过多时容易引起中毒。但对于牛、羊来说，只要饲喂不过量就不会发生中毒，且饲料的成本较豆饼低，故在养羊生产中被广泛应用。

（3）菜籽饼　是菜籽经加工提炼后的加工副产品，是畜禽的蛋白质饲料来源之一。粗蛋白质含量在 20% 以上，其营养价值较豆饼低。菜籽饼中含有有毒物质芥子苷或称含硫苷（含量一般在 6%

以上）。各种芥子苷在不同的条件下水解，会形成异硫氰酸酯，严重影响适口性，采食过多会引起中毒。羊对菜籽饼的敏感性较强，饲喂时最好先对菜籽饼进行脱毒处理。

（4）花生饼　饲用价值仅次于豆饼，蛋白质和能量都比较高，粗蛋白质含量为38%，粗纤维含量为5.8%。带壳花生饼含粗纤维在15%以上，饲用价值较去壳花生饼的营养价值低，但仍是羊的好饲料。花生饼的适口性较好，本身无毒素，但易感染黄曲霉素，导致黄曲霉毒　素中毒，贮藏时要注意防潮，以免发霉。

（5）胡麻饼　是胡麻种子榨油后的加工副产品，粗蛋白质含量在36%左右，适口性较豆饼差，较菜籽饼好，也是胡麻产区养羊的主要蛋白质饲料来源之一。胡麻饼饲用时最好和其他的蛋白质饲料混合使用，以补充部分氨基酸的不足。单一饲喂容易使羊的体脂变软。

（6）向日葵饼　简称葵花饼，是油葵及其他葵花籽榨取油后的副产品。去壳葵花饼的蛋白质含量可达46.1%，不去壳葵花饼粗蛋白质含量为29.2%。葵花饼不含有毒物质，适口性也好，虽不去壳的葵花饼的粗纤维含量较高，但对羊来说是营养价值较好和廉价的蛋白质饲料。

4. 块根、块茎和瓜类饲料

块根、块茎类饲料属于适口性较好、水分含量较高的饲料。根据这些饲料的营养特性可分为薯类饲料和其他块根、块茎饲料，这些饲料是羊冬季补饲的好饲料。但在养羊中不是羊主要的饲料，用量不大，故简单介绍如下。

薯类是我国的主要杂粮品种，包括甘薯、马铃薯和木薯。这些杂粮不仅可以作为人类的粮食，还可作为羊和其他家畜禽的饲料。薯类饲料具有产量高、水分含量高、淀粉含量高、适口性好、生熟饲喂均可的特点。按其干物质中营养成分的含量属于精饲料中的能量饲料。甘薯、马铃薯、木薯干物质中无氮浸出物的含量分别为88.21%、77.6%和92.15%；粗纤维的含量非常低，在2.5%~4.4%。饲料的消化利用率较高。薯类饲料在饲喂中应注意：

甘薯出现的黑斑有苦味，含有毒性酮；马铃薯表皮发绿，有毒的茄素含量剧烈增加，饲喂后会出现畜禽中毒现象。木薯中含有一定量的氰氢酸，过多食用也会引起氰氢酸中毒。

萝卜是蔬菜品种，人畜均可食用，具有产量高、水分大、适口性好、维生素含量丰富的特点，是羊的维生素饲料补充料。胡萝卜还含有若干量的蔗糖和果糖，故具甜味，是羔羊和冬季母羊维生素的主要来源，饲喂效果良好；甜菜是优良的制糖和饲料作物品种，根、茎、叶的饲用价值较高，是羊的优良多汁饲料。其他块根、块茎类饲料还有菊芋、芜菁、甘蓝等，都是多汁、适口性好和饲用价值较高的饲料品种。

在瓜类饲料中最常用的是南瓜，它既是蔬菜，又是优质高产的饲料作物。由于其营养丰富，无氮浸出物的含量较高，糖类含量较多，适口性好，常被用作羊冬季的补饲饲料。

5. 树叶、灌木和其他副产品饲料

羊几乎采食所有的树叶，无论是青绿状态的树叶，还是干树叶，对羊来说都是很好的饲料。树叶不仅适口性好而且营养价值高，有的树叶是羊的蛋白质和维生素的来源之一。树叶虽是粗饲料，但粗纤维的含量低于其他粗饲料，营养价值也远比其他的粗饲料要高得多，甚至有的树叶的饲喂效果可和精饲料相比。如洋槐叶的干物质中粗蛋白质含量达29.9%，槐树叶、榆树叶、杨树叶的干物质中粗蛋白质含量也在22%以上，远远超过禾谷类饲料中的蛋白质含量。灌木也是羊的饲料来源，灌木不仅叶是羊的饲草，而且细枝也可被羊采食利用，所以灌木在山区养羊业中占有重要的地位。灌木的利用主要是在春夏季节，春季牧草返青前，灌木的枝条、嫩枝都是羊的采食对象，是羊在青黄不接时的不可多得的饲草和保命草。灌木的利用对于山羊来说更显得重要。在山区其他树木的枝、叶、果实也是羊的饲料和饲草资源，如松树、柏树的松籽、柏籽都是羊极好的饲料，它不仅含有较高的蛋白质和其他营养物质，而且还具有特殊的香味，使羊肉也具有特殊的风味，松针可制成松针粉在羊的配合饲料中使用。

6. 糟渣类饲料

糟渣类饲料是植物加工的副产品饲料，几乎所有的植物加工的副产品都可以作为羊的饲料。如制酒的副产品有啤酒糟、酒糟，制糖的副产品甜菜渣、甘蔗渣、糖浆，还有醋渣、豆腐渣、粉渣等。这些可利用的饲料中有的含粗蛋白质丰富，有的无氮浸出物含量高，有的可以直接被羊利用，有的通过加工可以被羊利用，是羊冬季补饲和舍饲养羊的饲料来源之一。

（1）啤酒糟　是以大麦为主要原料制取啤酒后的副产品，是麦芽汁的浸出渣。干啤酒糟的营养价值和小麦麸相当，粗蛋白质含量为22.2%，无氮浸出物含量为42.5%。啤酒酵母的干物质中粗蛋白质含量高达53%，品质也好；无氮浸出物含量为23.1%；含磷丰富；钙的含量较低。

（2）酒糟　是用淀粉含量较多的原料如玉米、高粱和薯类经酿酒后的副产品。由于酒糟中的可溶性碳水化合物发酵成醇被提取，其他营养成分如粗蛋白质、粗脂肪、粗纤维与灰分等的含量相应就提高，而无氮浸出物的含量相应降低，但能量值下降得不多，在营养上仍属能量饲料的范围。以玉米为原料的酒糟干物质中的粗蛋白质含量为16.6%，以高粱为原料的干酒糟中粗蛋白质含量达24.5%。酒糟的营养价值还受一些副料的影响，如受稻壳或玉米芯的影响，降低了酒糟的营养价值。酒糟的营养含量稳定，但不完全，属于热性饲料，容易引起便秘。同时由于酒糟中水分含量较高，残留的醇类物质也多，过多饲喂容易引起酒精中毒，故饲喂前应进行晾晒。对含有稻壳的酒糟最好粉碎后饲喂，以免引起羊的瘤胃消化不良。

（3）甜菜渣　是甜菜中提取糖分后的副产品，主要成分为无氮浸出物和粗纤维，在干物质中粗蛋白质含量为9.6%，粗纤维含量为20.1%，无氮浸出物为64.5%。甜菜渣的适口性好，是羊的多汁饲料，饲喂时应配合一些蛋白质饲料。

（4）豆腐渣　是各种豆类经加工磨制豆腐后的副产品，富含各种营养，适口性好，饲喂方便，无论是鲜喂还是干喂，饲喂效果较好。同时豆腐渣的成本较低，粗蛋白质的含量为28.3%，粗纤维为12%，无氮浸出物为34.1%，粗纤维为13.9%。根据毛杨毅关于豆腐渣的试验资料表明，在羊的育肥补饲日粮中，1千克干物质的豆腐渣的饲喂效果与1千克玉米的饲喂效果相比，无论在经济效益方面还是在增重方面的效果都好于玉米。在冬季将豆腐渣和草粉或其他精饲料混合饲喂效果较好。

（四）非蛋白质饲料

最常用的非蛋白质氮是尿素，含氮46%左右，白色颗粒，微溶于水。蛋白质的当量为288%，即1克尿素相当于2.88克的蛋白质，或1千克尿素加上6千克的玉米，相当于7千克的豆饼。尿素的饲喂量：尿素在日粮的含量不超过其干物质的1%，每只成年绵羊每天13~18克，每只6月龄以上的青年绵羊每天8~12克。

1. 尿素的饲喂方法

① 直接拌入饲料中饲喂。把尿素均匀地拌入含有谷物精料和蛋白质精料的混合饲料中饲喂。

② 在青贮料中添加。在青贮的同时按青贮料湿重的0.5%添加。

③ 与青干草混合饲喂。在冬季舍饲的条件下，将尿素溶液喷洒在铡碎的青干草上饲喂。

④ 做成尿素精料砖供羊舔食。

2. 饲喂尿素注意的问题

① 饲喂尿素应逐渐增加，一般要经过5~7天的适应期。

② 饲喂不能间断，要坚持每天饲喂。

③ 小羔羊因瘤胃功能不全不能喂。

④ 饲喂尿素的日粮中要有足够的能量饲料。

⑤ 在有尿素的混合料中，不能含有生大豆和其他种类的豆类、苜蓿、胡枝子的种子。因这些饲料中含有尿素酶，会将尿素分解为氨和二氧化碳，当氨在瘤胃中产生的速度过快时，来不及被微生物全部利用，或白白排出，造成浪费。

⑥ 防止过量饲喂，以免发生尿素中毒。

（五）矿物质饲料

1.食盐

食盐是羊及各种动物不可缺少的矿物质饲料之一，它对于保持生理平衡、维持体液的正常渗透压有着非常重要的作用。食盐还可以提高羊的适口性，增强食欲，具有调味作用。羊无论是夏季，还是冬季和其他季节都应不断地饲喂食盐。食盐的用量一般占日粮的1%。最常用的饲喂方法是将食盐直接拌入精料中，也可将舔盐砖放在运动场或挂在栅栏上（图）让羊自由舔食。在放牧阶段，每隔7天左右喂一次盐。羊缺碘时食欲下降，采食牧草量减少，体重增加缓

图　舔盐砖

慢，啃墙土，啃土过多时会引起消化道疾病，拉稀消瘦。

2.石粉

石粉主要指石灰石粉，是天然的碳酸钙，一般含钙35%，是最便宜、最方便和来源最广的矿物质饲料。只要石灰石粉中的铅、汞、砷、氟的含量在安全范围之内都可以作为羊的饲料。

3.膨润土

膨润土是指钠基膨润土，资源丰富，开采容易，成本低，使用方便，容易保存。膨润土含有多种微量元素，这些元素能使酶和激素的活性或免疫反应发生显著的变化，对羊的生长有明显的生物学价值。

4.磷补充饲料

磷的补充饲料主要有磷酸氢二钠、磷酸氢钠、磷酸氢钙，在配合饲料中的主要作用是提供磷和调整饲料中的钙磷比例，促进钙和磷的吸收和合理利用。

第三节　肉羊日粮的配制方法

肉羊的日粮配合是指在满足其营养物质需要的前提下，经济有效地利用各种饲料进行科学搭配。日粮配合应以青粗饲料和当地饲料为主，适当搭配精饲料，并注意饲料的体积和适口性。日粮配合的依据主要是饲养标准。在进行日粮配合时，还应考虑饲料的来源和价格，以降低饲料成本。

一、配合饲料的优点

（一）营养价值高，适合于集约化生产

配合饲料是根据肉羊在不同生长阶段的营养需要和饲养标准，经过科学配方加工配制而成。因此，大大提高了饲料中各种营养成分的利用率，使之营养全面，生物学价值高，消化利用率高，适合肉羊各个生理阶段的科学饲养。

（二）扩大了饲料来源，发展了节粮型畜牧业

科学配制饲料是选用数种或多种不同种类的饲料，相互补充，取长补短，达到营养平衡。根本目的是合理利用饲料资源，以最低成本换取最大经济效益，为社会提供优质、无污染的绿色食品和其他畜产品。从某种意义上讲，没有饲料的科学配制，就没有低成本、高效益的规模化、标准化肉羊生产，也就没有绿色的羊肉食品。

（三）适应于规模化、标准化的肉羊生产

配合饲料可以用现代先进的加工技术进行大批量工业化生产，便于运输和贮存，适应规模化生产发展，特别适合规模化、标准化肉羊产业的需要。

二、日粮配合的依据与原则

（一）日粮配合的一般原则

① 必须根据羊在不同饲养阶段的营养需要量进行配制，并结合饲养实践做到灵活应用，既有科学性，又有实践性。

② 根据羊的消化生理特点，合理地选择多种饲料原料进行搭配，并注意饲料的适口性，采取多种营养调控措施，以提高羊对粗纤维性饲料的采食量和利用率，实行日粮优化设计。

③ 要尽量选用当地来源广、价格便宜的饲料来进行配合日粮，以降低饲料的成本。

④ 饲料选择应尽量多样化，以起到饲料间养分的互补作用，从而提高日粮的营养价值，提高日粮的利用率。

⑤ 日粮原料必须卫生，绝对不能饲喂发霉、变质的饲料。

⑥ 对日粮的原料，有条件的话要有一定的贮备，以免造成原料中断，从而改变日粮配方，造成肉羊的应激反应。

（二）日粮配方的依据

1. 饲养标准

饲养标准是根据羊消化代谢的生理特点、生长发育、生产的营养需要，以及饲草饲料的营养成分和饲养经验，制定的羊在不同生理状态下和生产水平下，对不同营养物质的相对需要量，是科学养羊的依据。

2. 饲料的营养成分

在舍饲养羊生产中，羊所需要的营养物质完全由人工控制，饲料中的营养成分是否能满足羊的生长和生产的需要，与养羊业的经济效益关系十分密切。所以必须按照羊的营养需求和饲草中营养成分的含量，合理调配饲料中的营养成分含量。

三、日粮配合方法与步骤

在舍饲条件下，肉羊的日粮要求营养全面，能够满足其不同生理阶段的营养需要。因此，在配制日粮时，除了参照肉羊的饲养标准，注意饲草饲料就地取材、品种多种多样、质量上乘、优质廉价和以粗饲料为主等原则外，还要掌握日粮的具体配制方法，现举例说明如下。

现有野干草、玉米秸粉、玉米粗面、豆饼、麸皮、骨粉、食盐、胡萝卜等几种饲料，如何配制体重40千克泌乳期肉羊日粮呢？

第一步：查阅饲养标准表。

经查阅《绒用和毛用种母山羊饲养标准》得知，体重40千克泌乳期肉羊的饲养标准为：干物质1.6千克，代谢能16兆焦，粗蛋白质255克，食盐14克，钙8克，磷5.5克，胡萝卜素19毫克。

第二步：计算日粮中粗饲料的营养量。

在粗饲料质量较差的情况下，肉羊日粮中粗饲料的比例为60%：40%较适宜。因此，日粮中粗饲料野干草和玉米秸粉的干物质含量为0.96千克（1.6千克×60%），折合成实物为1.06千克。如果玉米秸和野干草各喂50%，则每种粗饲料每日喂0.53千克。经查阅羊用饲料营养成分表，便可算出野干草和玉米秸的营养量：代谢能7.23兆焦，粗蛋白质78.5克，钙2.9克，磷0.48克。

第三步：求出日粮中精饲料的营养量。

用饲养标准的数值减去日粮粗饲料的营养量，就是日粮精饲料的营养量。经计算，精饲料的营养量为：干物质0.64千克，代谢能8.77兆焦，粗蛋白质176.5克，钙5.1克，磷5.02克。

第四步：求出日粮中精饲料各种成分的比例。

因日粮精饲料干物质含量为0.64千克，折合成实物为0.71千克。用试差法计算，设0.71千克精饲料中有玉米粗粉0.28千克、豆饼0.32千克、麸皮0.11千克，经查阅饲料营养价值表，就可计算出3种饲料的营养量合计为：代谢能8.73兆焦、粗蛋白质177.5克、钙1.33克、磷3.05克。这些数值中，代谢能及粗蛋白质与饲养标准的要求基本相符，钙、磷不足，只要再添加适量的钙、磷和胡萝卜素就可以了。经计算，日粮中再添加12克骨粉和

30克胡萝卜就可以达到要求。

第五步：列出日粮饲料配方表。

根据前面计算的结果列出日粮饲料配方表（表4-2）。

表4-2 体重40千克泌乳期母羊日粮配方

饲料	饲喂量（千克）	占日粮比例（%）
野干草	0.53	29
玉米秸粉	0.53	29
玉米粗面	0.28	15.3
豆饼	0.32	17.5
麸皮	0.11	6.0
骨粉	0.01	0.7
胡萝卜	0.03	1.6
羊用添加剂	0.009	0.5
食盐	0.008	0.4

第四节 肉羊饲料的加工与使用

一、精饲料的加工利用

（一）能量饲料的加工

能量饲料干物质的70%~80%是由淀粉组成的，所含粗纤维的含量也较低，营养价值较高，是适口性比较好的饲料。能量饲料加工的主要目的是提高饲料中淀粉的利用效率和便于进行饲料的配合，促进饲料消化率和利用率的提高。能量饲料的加工方法比较简单，常用的方法有以下几种。

1.粉碎和压扁

粉碎是能量饲料加工中最古老和使用最广泛、最简便的方法。其作用是用机械方法引起饲料细胞的物理破坏，使饲料被外皮或壳所包围的营养物质暴露出来，利于接受消化过程的作用，提高这些营养物质的利用效果。如玉米、高粱、小麦、大麦等饲料，常采用粉碎的方法进行饲料加工，通过粉碎破坏了饲料硬的外皮，增加了饲料的表面积，使饲料与消化液的接触更充分，消化更完全彻底。但是，饲料粉碎的粒度不应太小，否则影响羊的反刍，容易造成消化不良。一般要求将饲料粉碎成两半或 1/4 颗粒即可。谷类饲料也可以在湿、软状态下压扁后直接喂羊或者晒干后喂羊，同样可以起到粉碎的饲喂效果。

2. 水浸

水浸饲料的作用，一是使坚硬的饲料软化、膨胀，便于采食利用；二是使一些具有粉尘性质的饲料在水分的作用下不能飞扬，减小粉尘对呼吸道的影响和改善饲料的适口性。一般在饲料的饲喂前用少量的水将饲料拌湿放置一段时间，待饲料和水分完全渗透，在饲料的表面上没有游离水时即可饲喂，注意水的用量不宜过多。

3. 液体培养——发芽

液体培养的作用是将谷物整粒饲料在水的浸泡作用下发芽，以增加饲料中某些营养物质的含量，提高饲喂效果。谷粒饲料发芽后，可使一部分蛋白质分解成氨基酸、糖分、维生素与各种酶，纤维素增加。如大麦发芽前几乎不含胡萝卜素，经浸泡发芽后胡萝卜素的含量可达 93~100 毫克 / 千克，核黄素含量提高 10 倍，蛋氨酸的含量增加 2 倍，赖氨酸的含量增加 3 倍。因此发芽饲料对饲喂公羊、母羊和羔羊有明显的效果。一般将发芽的谷物饲料加到营养贫乏的日粮中会有所助益的，日粮营养越贫乏，收益越大。

（二）蛋白质饲料的加工利用

蛋白质饲料不仅具有能量饲料的一些特性，如低纤维、能量较高、适口性好等，而且更主要的是其蛋白质含量高，所以称为蛋白质饲料或蛋白质补充饲料。蛋白质饲料分为动物性和植物性蛋白质饲料，植物性蛋白质饲料又可分为豆类饲料和饼类饲料。不同种类饲料的加工方法不一样，现分别介绍如下。

1. 豆类蛋白质饲料的加工

豆类饲料含有一种叫做抗胰蛋白酶的物质，这种物质在羊的消化道内与消化液中的胰蛋白酶作用，破坏了胰蛋白酶的分子结构，使酶失去生物活性，从而影响饲料中营养物质消化吸收，造成饲料蛋白质的浪费和羊的营养不足。这种抗胰蛋白酶在遇热时就变性而失去活性，因此在生产中常用蒸煮和焙炒的方法来破坏大豆中的抗胰蛋白酶，不仅提高了大豆的消化率和营养价值，而且增加了大豆蛋白质中有效的蛋氨酸和胱氨酸，提高了蛋白质的生物学价值。但有的资料表明，对于反刍家畜，由于瘤胃微生物的作用，不用加热处理。

2.豆饼饲料的加工

豆饼根据生产的工艺不同可分为熟豆饼和生豆饼，熟豆饼经粉碎后可按日粮的比例直接加入饲料中饲喂，不必进行其他处理；生豆饼由于含有抗胰蛋白酶，在粉碎后需经蒸煮或焙炒后饲喂。豆饼粉碎的细度应比玉米要细，便于配合饲料和防止羊的挑食。

3.棉籽饼的加工

棉籽饼含有丰富的可消化粗蛋白质、必需氨基酸，基本上和大豆粕的营养相当，还含有较多的可消化碳水化合物，是能量和蛋白质含量都较高的蛋白质饲料。但是，棉籽饼中含有较多的粗纤维，还有一定量的有毒物质，所以在饲喂猪、家禽等单胃动物时受到一定的限制，而主要作为羊、牛等反刍家畜的蛋白质饲料。棉籽饼中的有毒物质是棉酚，这是一种复杂的多酚类化合物，饲喂过量时容易引起中毒，所以在饲喂前一定要进行脱毒处理，常用的处理方法有水煮法和硫酸亚铁水溶液浸泡法。

4.菜籽饼的加工

菜籽饼是油菜产区的菜籽油的加工副产品，应用受两个不利的因素影响，一是菜籽饼含有苦味，适口性较差；二是菜籽饼含有含硫葡萄糖苷，这种物质在酶的作用下，裂解生成多种有毒物质，饲喂和处理不当就会发生饲料中毒。这些有毒的物质是致甲状腺肿大的噻唑烷硫酮（OET）、异硫氰酸酯（ITC）、芥籽苷等。因此对菜籽饼的脱毒处理显得十分重要。菜籽饼的脱毒处理常用的方法有两种：土埋法和氨、碱处理法。

（三）薯类及块茎块根类饲料的加工利用

这类饲料的营养较为丰富，适口性也较好，是羊冬季不可多得的饲料之一。加工较为简单，应注意以下 3 个方面。

① 特烂的饲料不能饲喂。

② 要将饲料上的泥土洗干净，用机械或手工的方法切成片状、丝状或小块状，块大时容易造成食道堵塞。

③ 不喂冰冻的饲料。饲喂时最好和其他饲料混合饲喂，并现切现喂。

二、青饲料的加工利用

（一）青饲料的加工

① 将刈割后的青饲料用铡刀切碎后放入饲槽内让羊采食。

② 将青饲料用绳子捆绑起来吊在羊舍内让羊采食。

③ 将青饲料晒干后供冬季饲用。

（二）饲喂青饲料时应注意的问题

① 青饲料不宜放置过久，要现割现喂。放置过久的青饲料发热霉烂或变味，容易造成氢氰酸中毒和饲料的浪费。

② 嫩玉米苗、嫩高粱苗中含有氢氰酸，无论是放牧还是刈割饲喂都有发生中毒的危险，不要鲜喂，要让水分蒸发掉一部分后才可以饲喂，并要少喂。

三、牧草饲料的加工利用

无论是野生的牧草还是人工种植的牧草都是羊的主要饲料，占羊饲料总量的 90% 以上。牧草一年四季都可利用。为了保证冬季的饲料供应，往往在夏季牧草丰盛时期将鲜草刈割晒干长期保存，待冬季再经过加工饲喂，这种夏草冬用的牧草饲用方法具有成本低、收益大、经济效益高、贮藏方便的特点。所以牧草的晒干、调制、保存和利用就成为青饲料的主要加工方式。

四、肉羊秸秆饲料的加工配制

秸秆饲料是农区冬季养羊的主要饲料之一。其利用的方式有两种：一种是不经加工直接用于饲喂，让羊随意采食。这种饲喂方式羊仅采食了叶片并因踩踏造成了大量的浪费，秸秆的采食利用率仅为20%~30%，浪费现象十分严重。二是加工后用于饲喂。秸秆加工的目的就是要提高秸秆的采食利用率，增加羊的采食量，改善秸秆的营养品质。秸秆饲料常用的加工方法有以下几种。

（一）物理处理法

1. 切短

切短是秸秆饲料加工最常用和最简单的加工方法，是用铡刀或切草机将秸秆饲料或其他粗饲料切成1.5~2.5厘米的碎料（图4-2）。这种方法适用于青干草和茎秆较细的饲草。对粗的作物秸秆虽有一定的作用，但由于羊的挑食，致使粗的秸秆采食利用率仍很低。

图4-2 切短

2. 粉碎

用粉碎机将粗饲料粉碎成0.5~1厘米的草粉。但应注意的是粉碎的粒度不能太小，否则影响羊的反刍，不利于消化。草粉应和精饲料混合拌湿饲喂，发酵、氨化后饲喂效果更佳。草粉还可以一定的比例和精饲料混合后，用颗粒机压制成一定形状和大小的颗粒饲料，以利于咀嚼和改善适口性，防止羊挑食、减少饲草的浪费。这种颗粒饲料具有体积小、运输方便、易于贮存等优点。

（二）化学处理法

1. 氨化处理法

氨化处理法就是用尿素、氨水、无水氨及其他含氮化合物溶液，按一定比例喷洒或灌注于粗饲料上，在常温、密闭的条件下，经过一段时间闷制后，使粗饲料发生化学变化。这样处理后的饲料叫氨化饲料。氨化可提高粗饲料的含氮量，除去秸秆中的木质素，改善饲料的适口性，提高饲料的营养价值和采食利用率。氨化处理可分为尿素氨化法和氨水氨化法。

（1）尿素氨化法　方式有挖坑法、塑料袋法、堆垛法和水缸法等，其氨化的原理一样。下面介绍挖坑法。

在避风向阳干燥处，依氨化饲料的多少，挖深 1.5~2 米、宽 2~4 米、长度不等的长方形的土坑，在坑底及四周铺上塑料薄膜，或用水泥抹面形成长久的使用坑。然后将新鲜秸秆切碎分层压入坑内，每层厚度为 30 厘米，并用 10% 的尿素溶液喷洒，其用量为每 100 千克的秸秆需 10% 的尿素溶液 40 千克。逐层压入、喷洒、踩实、装满，并高出地面 1 米。上面及四周仍用塑料薄膜封严，再用土压实，防止漏气，土层的厚度约为 50 厘米。在外界温度为 10~20℃时，经 2 周后即可开坑饲喂，冬季则需 45 天左右。使用时应从坑的一侧分层取料，取出的饲料经晾晒放净氨气味，待具香味时便可饲喂。饲喂量应由少到多逐渐过渡，以防急剧改变饲料引起羊消化道的疾病。

塑料袋氨化法、水缸氨化法和堆垛法尿素的使用量和坑埋法相同，装好后也要注意四周封闭严实，防止漏气。

（2）氨水氨化法　用氨水或无水氨氨化粗饲料，比尿素氨化的时间短，需要有氨源、容器及注氨管等。氨化的形式与尿素法相同，向坑内填压、踩实秸秆时，应分点填夹注氨塑料管，管直通坑外。填好料后，通过注氨管按原料重 12% 的比例注入 20% 的氨水，或按原料重 3% 的比例注入无水氨，温度不低于 20℃。然后用薄膜封闭压土，防止漏气。经 1 周后即可饲喂。取出的氨化饲料在饲喂前也要通风晾晒 12~24 小时放氨，待氨味消失后才能饲喂。此法能除去秸秆中的木质素，既可提高粗纤维的利用率，还可提高秸秆中的氮，改善其饲料营养价值。用氨水处理的秸秆，每千克营养价值可从 10 克增加到 25 克。有机质的消化率提高 4.7%~8%。其营养价值接近于中等品质的干草。用氨化秸秆饲喂羊，可促进增重，并可降低饲料的成本。

2. 氢氧化钠及生石灰处理法

碱化处理最常用而简便的方法是氢氧化钠和生石灰混合处理。这种处理方法有利于瘤胃中微生物对饲料的消化，提高粗饲料中有机物的消化率。其处理方法是：将切碎的秸秆饲料分层喷洒 1.5%~2% 的氢氧化钠和 1.5%~2% 的生石灰混合液，每 100 千克秸秆喷洒 160~240 千克混合液，然后封闭压实。堆放 1 周后，堆内的温度达 50~55℃即可饲喂。

（三）微生物处理法

微生物处理法分为干粗饲料发酵法、人工瘤胃发酵法、自然发酵法和利用担子菌法等。常用的方法有干粗饮料发酵法和自然发酵法。

1. 干粗饲料发酵法

将粗饲料粉碎后加入 2% 的发酵用菌种，用水将菌种化开后喷洒在切碎的秸秆饲料上，使秸秆饲料的水分达到用手握有水而不滴水的程度。然后上面盖上干草粉或麦秸，当内部的温度达 40℃左右时，上下翻动饲料 1 次，封闭 1~3 天即可饲喂。

2. 自然发酵法

将粉碎后的秸秆饲料中拌入适量的精饲料，然后用水浇湿拌匀，堆放压实，经 2~3 天后，堆内自然发酵，温度升高，待有发酵的香味时即可饲喂。每次将上次的发酵饲料拌入下次的草粉中，循环使用。经发酵后的饲料松软，有香味，适口性好，饲料的采食利用率高。

五、微干贮饲料的加工方法

微干贮就是用秸秆生物发酵饲料菌种对秸秆饲料进行发酵处理，达到提高秸秆饲料的利用率和营养价值的目的。此方法是耗氧发酵和厌氧保存，和青贮饲料的制作原理不同。其菌种成分主要为发酵菌种、无机盐、磷酸盐等。每吨干秸秆或每 3 吨青贮料需加菌种 500 克。每吨干秸秆加水 1 吨，食盐 5 千克，麸皮 3 千克。青玉米秸秆可不加食盐，加水适量。饲料的加工方法如下。

（一）菌液的配制

将菌液倒入适量的水中，加入食盐和麸皮，搅拌均匀备用。微贮王活干菌的配制方法是将菌种倒入 200 毫升的自来水中，充分溶解后在常温下静置 1~2 小时。使用前将菌液倒入充分溶解的 1% 食盐溶液中拌匀。菌液应当天用完，防止隔夜失效。

（二）饲料加工

微干贮时先按青贮饲料的加工方法挖好坑，铺好塑料薄膜。饲料的切碎和装窖的方法和注意事项与青贮饲料相同，只是在装窖的同时将菌液均匀地洒在窖内切碎的饲料上，边洒、边踩、边装。装满后在饲料的上面盖上塑料布，但不密封，过 3~5 天，当窖内的温度达 45℃以上时，均匀地覆土 15~20 厘米。封窖时窖口周围应铺厚一些并踩实，防止进气漏水。

（三）饲料的取用

窖内饲料经 3~4 周后变得柔软呈醇酸香味时即可饲喂。成年羊的饲喂量为每只每天 2~3 千克，同时应加入 20% 的干秸秆饲料和 10% 的精饲料混合饲喂。取用时的注意事项与青贮料相同。

第五节　青贮饲料的加工调制

一、青贮加工的特点与意义

（一）青贮加工的特点

制作青贮饲料是一项季节性、时间性很强的突击性工作，要求收割、运输、切碎、踩实、密封等操作连续进行，短时间完成。所以青贮前一定要做好各项前期的准备工作，包括青贮坑的挖建、原料装备、人员安排、机械的准备和必要用具、用品的准备等。青饲料经青贮后，保存了青饲料的养分，提高了饲料品质，质地变软，气味芳香，能增进食欲。粗蛋白质中非蛋白氮较多，碳水化合物中糖分减少，乳酸和醋酸增多。

（二）青贮加工的意义

1. 有效地保存饲料原有的营养成分

饲料作物在收获期及时进行青贮加工保存，营养成分的损失一般不超过10%。特别青贮加工可以有效地保存饲料中的蛋白质和胡萝卜素；又如甘薯藤、花生蔓等新鲜时藤蔓上叶子要比茎秆的养分高1~2倍，在调制干草时叶子容易脱落，而制作青贮饲料时，富有养分的叶子可全部被保存下来，从而保证了饲料质量。同时，农作物在收获时期，尽管籽实已经成熟，而茎叶细胞仍在代谢中，其呼吸继续进行，仍然存在大量的可溶性营养物质，通过青贮加工，创造厌氧环境，可抑制呼吸过程，使大量的可溶性养分保存下来，以供动物利用，从而提高其饲用价值。

2. 青贮饲料适口性好，消化率高

青贮饲料经过微生物作用，产生了具有芳香的酸味，适口性好，可刺激草食动物的食欲、消化液的分泌和肠道蠕动，从而增强消化功能。在青贮保存过程中，可使牧草粗硬的茎秆得到软化，可以提高动物的适口性，增加采食量，提高消化利用率。

3. 制作青贮饲料的原材料广泛

玉米秸秆是制作青贮良好的原料，同时其他禾本科作物都可以用来制作良好的青贮饲料，而荞麦、向日葵、菊芋、蒿草等也可以与禾本科混贮生产青贮饲料，因而取材极为广泛。特别是牛、羊不喜食的牧草或作物秸秆，经过青贮发酵后，可以改变形态、质地和气味，变成动物喜食的饲料。在新鲜时有特殊气味和叶片容易脱落的作物秸秆，在制作干草时利用率很低，而把它们调制成青贮饲料，不但可以改变口味，而且可软化秸秆、增加可食部分的数量。制作青贮饲料是广开饲料资源的有效措施。

4. 青贮是保存饲料经济而安全的方法

制作青贮比制作干草占用的空间小。一般每立方米干草垛只能垛 70 千克左右的干草，而每立方米的青贮窖能保存青贮饲料 450~600 千克，折合干草 100~150 千克。在贮藏过程中，青贮料不受风吹、雨淋、日晒等影响，亦不会发生火灾等事故，是贮备饲草经济、安全、高效的方法。

5. 制作青贮饲料可减少病虫害传播

青贮饲料的厌氧发酵过程可使原料中所含的病菌、虫卵和杂草种子失去活力，减少植物病虫害的传播以及对家田的为害，有利于环境保护。

6. 调制青贮饲料受天气影响较小

在阴雨季节或天气不好时，干草制作困难，而对青贮加工则影响较小。只要按青贮条件要求严格掌握，就可制成优良的青贮饲料。

二、青贮原理

青贮发酵的过程可分为 3 个阶段：第一阶段是好气活动。饲料植物原料装入窖内后活细胞继续呼吸，消耗青贮料间隙中的氧，产生二氧化碳和水，释放能或热量，同时好气的酵母菌与霉菌大量的生长和繁殖。从原料装入到原料停止呼吸，变为嫌气状态，这段时间要求越短越好，可以迅速地减少霉菌和其他有害细菌对饲料的作用。第二阶段是厌氧菌——主要是乳酸菌和分解蛋白质的细菌以异常的速度繁殖，同时霉菌和酵母菌死亡，饲料中乳酸增加，pH值下降到 4.2 以下。第三阶段是当酸度达到一定的程度、青贮窖内的蛋白质分解菌和乳酸菌本身也被杀死，青贮料的调制过程即可完成，各种变化基本处于一个相对稳定的环境状态，使饲料可以长时间的保存。

三、青贮的技术要点

（一）排除空气

乳酸菌是厌氧菌，只有在没有空气的条件下才能进行生长繁殖，如不排除空气，就没有乳酸菌存在的余地，而好气的霉菌、腐败菌会乘机滋生，导致青贮失败。因此，在青贮过程中原料要切短（3 厘米以下）、压实和密封严，排出空气，创造厌氧环境，以控制好气菌的活动，促进乳酸菌发酵。

（二）创造适宜的温度

青贮原料温度在 25~35℃时乳酸菌会大量繁殖，很快便占主导优势，致使其他杂菌都无法活动繁殖。若料温达 50℃时，丁酸菌就会生长繁殖，使青贮料出现臭味，以至腐败。因此，除要尽量压实、排除空气外，还要尽可能地缩短铡草装料等制作过程，以减少氧化产热。

（三）掌握好物料的水分含量

适于乳酸菌繁殖的含水量为 70% 左右，过干不易压实，温度易升高，过湿则酸度大，动物不喜食。70% 的含水量，相当于玉米植株下边有 3~5 片叶子；如果二茬玉米全株青贮，割后可以晾半天，青黄叶比例各半，只要设法压实，即可制作成功；而进行秸秆黄贮，则秸秆含水量一般偏低，需要适当加入水分。判断水分含量的简易方法为：抓一把切碎的原料，用力紧握，指缝有水渗出，但不下滴为宜。

（四）原料的选择

用于青贮饲料的原料很多，如各种青绿状态的饲草、作物秸秆、作物茎蔓等，在农区主要是收获作物后的秸秆和其他无毒的杂草等。最常用的青贮原料是玉米秸秆和专用于青贮的玉米全株。对青贮原料的要求主要是原料要青绿或处于半干状态，含水量为65%~75%，不低于55%。原料要无泥土、无污染。含水量少的作物秸秆不宜作为青贮原料。我国青贮饲料的原料主要是收获玉米后的玉米秸秆，秸秆收割得越早越好。青贮过晚，玉米秸秆过干，粗纤维含量增加，维生素和饲料的营养价值降低。乳酸菌发酵需要一定的可溶性糖分，原料含糖多的易贮，如玉米秸、瓜秧、青草等，含糖少的难贮，如花生秧、大豆秸等。含糖少的原料可以和含糖多的原料混合贮，也可以添加3%~5%的玉米面或麦麸等单贮。

（五）时间的确定

饲料作物青贮，应在作物籽实的乳熟期到蜡熟期时进行，即兼顾生物产量和动物的消化利用率。玉米秸秆的收贮时间，一看籽实成熟程度，乳熟早，枯熟迟，蜡熟正适时；二是青黄叶比例，黄叶差，青叶好，各占一半就嫌老；三看生长天数，一般中熟品种110天就基本成熟，套播玉米在9月10日左右，麦后直播玉米在9月20日左右，就应收割青贮。利用农作物秸秆进行黄贮时，要掌握好时机。过早会影响粮食产量；过晚又会使作物秸秆干枯老化、消化利用率降低，特别是可溶性糖分减少，影响青贮的质量。秸秆青贮应在作物籽实成熟后立即进行，而且越早越好。

四、青贮的制作方法

（一）准备好青贮设备

1. 青贮容器的选择

根据自己的实际情况，选择青贮窖、池或使用青贮袋等容器。

2. 机械准备

铡草机、收割装运机械，并准备好密封用的塑料布。

（二）原料的装备

一是要适时收割，收割过晚秸秆粗纤维增加，维生素和水分减少，营养价值也降低。二是收割、运输要快，原料的堆放要到位，保证满足青贮的需要。

（三）切碎

羊的青贮饲料切碎的长度为 1~2 厘米。切碎前一定要把饲料的根和带土的饲料去掉，将原料清理干净。

（四）装窖

装窖和切碎同时进行，边切边装。装窖注意 3 点：一是注意原料的水分含量。适宜的水分含量应为 65%~75%，水分不足时应加入水。适宜水分的作用是有利于饲料中的微生物活动；有利于饲料保持一定的柔软度；有利于在水分的作用下使饲料增加密度，减少间隙，减少饲料中空气的含量，便于饲料的保存。二是注意饲料的踩压。在大型青贮饲料制作时，有条件的可使用履带式拖拉机碾压，没有条件时组织人力踩压。要一层一层地踩实，每层的厚度为30 厘米左右。特别是窖的四周一定要多踩几遍。三是装窖的速度要快，最好是当天装满、踩实、封窖。装窖时间过长时，容易造成好氧菌的活动时间延长，饲料容易腐败。

（五）密封严实

1. 青贮窖

当窖装满高出地面 50~100 厘米时，在经过多遍的踩压后，把窖四周的塑料薄膜拉起来盖在露出在地面上的饲料上，封严顶部和四周。然后压上 50 厘米的土层，拍平表面，并在窖的四周挖好排水沟。要确保封闭严实，不漏气、不渗水。封窖后要经常检查窖顶及四周有无裂缝，如有裂缝要及时补好，保证窖内的无氧状态。

2. 地面堆贮

先按设计好的锥形用木板隔挡四周，地面铺 10 厘米厚的湿麦秸，然后将铡短的青贮料装入，并随时踏实。达到要求高度，制作完成后，拆去围板。

3. 袋式青贮

用专用机械将青贮原料切短，喷入（或装入）塑料袋，排尽空气并压紧后扎口即可。如无抽气机，则应装填紧密，加重物压紧。

4. 整修与管护

青贮原料装填完后应立即封埋，将窖顶做成隆凸圆顶，在四周挖排水沟。封顶后 2~3 天，在下陷处填土覆盖，使其紧实隆凸。

五、青贮饲料的品质鉴定

（一）感官鉴定

即通过"看看、闻闻、捏捏"的方法，对青贮料的色、香、味和质地进行辨别以判定其品质好坏（表 4-3）。

表 4-3　青贮饲料感官鉴定

品质等级	颜色	气味	酸味	质地、结构
优良	青绿或黄绿，有光泽，近似原来的颜色	芳香水果、酒酸味，给人以舒适感觉	浓	湿润、紧密，叶脉明显，结构完整
中等	黄褐色或暗褐色	有刺鼻醋酸味，香味淡	中等	茎叶花保持原状，柔软，水分稍多
低劣	黑色、褐色或暗墨绿色	有特殊刺鼻腐臭味或霉味	淡	腐烂、污泥状，黏滑或干燥或黏成块，无结构

（二）pH 值测定

从被测定的青贮料中，取出具有代表性的样品，切短，在搪瓷杯或烧杯中装入半杯，加入蒸馏水或凉开水，使之浸没青贮料。然后用玻璃棒不断地搅拌，使水和青贮料混合均匀，放置 15~20 秒后，将水浸物经滤纸过滤。吸收滤得的浸出液 2 毫升，移入白瓷比色盘内，用滴瓶加 2~3 滴甲基红－溴甲酚绿混合指示剂，用玻璃棒搅拌，观察盘内浸出物颜色的变化。判断出近似的 pH 值，借以评定青贮饲料的品质（表 4-4）。

表 4-4　青贮饲料 pH 值测定

品质等级	颜色反应	近似 pH 值
优良	红、乌红、紫红	3.8~4.4
中等	紫、紫蓝、深蓝	4.6~5.2
低劣	蓝绿、绿、黑	5.4~6.0

六、青贮饲料的利用

（一）开窖饲喂

青贮 60 天后，待饲料发酵成熟、乳酸达到一定的数量、具备抗有害细菌和霉菌的能力后才可开窖饲喂。青贮料的饲喂要注意以下几点：一是发现有霉变的饲料要扔掉。二是开窖的面积不宜过大，以防暴露面积过大，好氧细菌开始活动，引起饲料变质。三是要随取随用，以免暴露在外面的饲料变质。取用时不要松动深层的饲料，以防空气进入。四是饲喂量要由少到多，使羊逐渐适应。在生产中有的养殖场（户）不了解青贮的原理和使用要点，见饲料表面有点发霉，怕饲料变质坏掉，就赶快把青贮窖上的塑料薄膜去掉并翻动，结果青贮饲料很快腐烂变质，造成了损失。

（二）喂量

青贮饲料的用量，应视动物的种类、年龄、用途和青贮饲料的质量而定。开始饲喂青贮饲料时，要由少到多，逐渐增加，给动物一个适应过程，习惯后再增加。青贮饲料具有轻泻性，妊娠母羊可适当减少喂量。饲喂青贮饲料后，要将饲槽打扫干净，以免残留物产生异味。

七、青贮饲料添加剂

为了提高青贮饲料的品质，可在制作青贮饲料的调制过程中，加入青贮饲料添加剂，用来促进有益菌发酵或者抑制有害微生物。常用的青贮饲料添加剂有微生物类、酸类防腐剂以及营养物质等。青贮饲料添加剂的应用，显著地提高了青贮特别是黄贮的效果，明显地改进了黄贮饲料的品质，但同时也增加了成本。因此应在技术人员的指导下，根据实际需要，针对性地采用不同的青贮添加剂及其应用方法，以切实有效地利用青贮添加剂，获得更大的经济效益。

（一）发酵促进剂

1.微生物添加剂

青贮能否成功，在很大程度上取决于乳酸菌能否迅速而大量地繁殖。一般青绿作物叶片上天然存在着少量乳酸菌。青贮过程中，若自然发酵，也可能会由于有害微生物的作用，使得青贮原料的营养物质损失过多，因此采用在青贮时加入乳酸菌菌种，可以促进乳酸菌尽快繁衍，产生大量乳酸，降低pH值，从而抵制有害微生物的活动，减少干物质损失，获得理想的青贮饲料。

2.碳水化合物

有了足够的乳酸菌，还必须创造有利于其繁衍的适宜环境。除了保持密闭环境之外，乳酸菌还需要一定浓度的糖分作为营养。保证乳酸充分发酵的青贮原料其可溶性碳水化合物含量应高于2%（鲜样），如果低于2%，便有必要加入一些可溶性糖，以利发酵。目前，乳酸菌主要用于栽培牧草和饲料作物，因为这些原料具有足够数量的可溶性糖。实践上，乳酸菌往往与少量麸皮等混合制成复合添加剂，既有利于均匀添加，又能起到补充可溶性糖分的作用。这样可以使青贮发酵过程快速、低温、低损失，并能保证青贮饲料的稳定性。

3.纤维酶制剂

对于秸秆类饲料，由于其纤维木质素含量较高，常结合采用多种纤维酶制剂。使用纤维素分解酶不仅可以把纤维物质分解为单糖，为乳酸菌发酵提供能源，而且还能改善饲料消化率。该类型的酶制剂主要包括纤维素酶、半纤维素酶、木聚糖酶、果胶酶等以及葡萄糖氧化酶，后者的目的是尽快消耗青贮容器内的氧气，形成厌氧环境。国外一些公司已经在我国注册和销售这些产品，我国也已经有此类产品的研究。由于不同饲料化学组成不同，酶的作用方式也会产生差异，因而应该针对不同原料，使用专用性的产品。

（二）发酵抑制剂

这是使用最早的一类青贮饲料添加剂，最初使用无机酸（如硫酸和盐酸），后来使用有机酸（如甲酸，丙酸等）和甲醛。加酸后青贮料迅速下沉，易于压实；作物细胞的呼吸作用很快停止，有害微生物的活动很快得到抑制，减少了发热和营养损失；pH 值下降，杂菌繁殖受到抑制。但是，加酸会增加饲料渗液，也增加了牲畜酸中毒的可能性，应当采取相应的补救和防护措施。例如，减少青贮作物的含水量可以防止渗液，添加一些碳酸钙或小苏打可以缓和酸性。

各种酸的适宜加入量推荐如下。① 硫酸、盐酸：先用 5 倍水稀释，每 100 千克青贮加入 5~8 升稀释后的硫酸或盐酸。② 甲酸：每吨青贮料加甲酸约 3 千克。③ 乙酸：可按青贮原料重量的 1% 左右加入。④ 丙酸：一般多喷洒在青贮原料的表面，用以防霉，可按每平方米喷洒 1 升。

（三）防腐剂

防腐剂不能改善发酵过程，但能有效地防止饲料变质。常用的有丙酸、山梨酸、氨、硝酸钠、甲酸钠等。丙酸广泛用于贮藏谷物防腐中的微生物抑制剂，因此作为青贮饲料防腐剂效果也较好。使用方法可按每平方米青贮料加 1 升，喷洒在青贮表面。但是，丙酸不能抑制所有与青贮腐败有关的微生物，而且成本也比较高。据报道，有些植物组织（如落叶松针叶）含有植物杀菌素，有较好的防腐效果，又没有毒性。这类防腐剂可因地制宜开发使用。

甲醛（福尔马林）不仅有较好的抑菌防腐作用，还可保护饲料蛋白质在反刍动物瘤胃内免受降解，增加家畜对蛋白质的吸收率，曾被认为是一种有效的青贮饲料添加剂，其推荐用量为 0.3%~1.5%。但是，由于甲醛具有潜在的致癌作用，从动物和人类安全考虑，现在一般不提倡使用。

（四）营养性添加剂

这类添加剂主要用来补充青贮饲料某些营养成分的不足，有些同时又能改善发酵过程。常用的这类添加剂包括尿素、盐类、碳水化合物等。尿素在瘤胃内分解出氨，再由瘤胃中的细菌合成蛋白质。据资料介绍，美国每年用作饲料的尿素超过 100 万吨，相当于 600 万吨豆饼所提供的氮素，这样大量饼类蛋白就可省下来用于饲喂单胃牲畜。尿素的加入量为青贮饲料的 0.5%。

青贮饲料中加石灰石不但可以补充钙，而且可以缓和饲料的酸度。每吨青贮饲料中碳酸钙的加入量为 4.5~5 千克。丁酸菌对高渗透压非常敏感，而乳酸菌却较迟钝，添加食盐可提高渗透压，增加乳酸含量，减少乙酸和丁酸含量，从而改善青贮饲料质量。添加食盐还能改善饲料的适口性，增加饲料采食量。

可用作青贮饲料添加剂的其他无机盐类以及在青贮饲料中的添加量为：硫酸铜 2.5 克 / 吨、硫酸锰 5 克 / 吨、硫酸锌 2 克 / 吨、氯化钴 1 克 / 吨、碘化钾 0.1 克 / 吨。

（五）吸附剂

高水分原料青贮或者使用酸添加剂时，青贮饲料流出物很多，不仅损失营养成分，而且会引起环境污染问题。添加吸附剂可减少流出物。但是，吸附剂的效果取决于原料的物理特性、添加方法、青贮窖的结构以及排水性能等多种因素。常用的吸附材料包括甜菜渣、秸秆、麸皮以及谷物等。

甜菜渣具有良好的水吸附能力，可以片状或颗粒状添加，一般在青贮原料装窖时分层添加。添加后不仅可以减少青贮流出物量，还可以增加青贮饲料采食量，改善动物生产性能。秸秆也具有良好的吸水性，添加于青贮饲料，具有减少干物质损失，改善发酵品质，提高营养价值（采食量）等作用，并能提高秸秆本身的利用率。方法一般是分层添加。由于稻草糖分含量很低，发酵性较差，添加量不宜过高。据试验，秸秆添加比例以不超过原料的 10% 为宜。

第五章
抓好肉羊管理，向管理要效益

第一节　搞好一般管理

一、捉羊方法

捉羊是管理上常见的工作。常见抓羊者，抓住羊体的某一部分强拉硬扯，使羊的皮肉受到刺激，羊毛生长受影响，甚者使羊体受到损伤。

正确捉羊的方法有很多，可以根据自己的实际情况选择使用（图5-1）。如用一只手迅速抓住羊的小腿末端（小腿末端较细，便于手握而不易伤及皮肉），然后用另一只手抱住羊的颈部或托住下颌。右手捉住羊后腱部，然后左手握住另一腱部，因为腱部的皮肤松弛，不会使羊受伤，人也省力，容易捕捉。尽量抓羊腰背处的皮毛，直接抓腿时防扭伤。抓羊时，不可将羊按倒在地使其翻身，因羊肠细而长，这样易造成羊肠扭转使羊死亡。羊抓住后，人骑在羊

（1）一手扶在颈前，一手扶在后背

（2）一手迅速抓住羊的小腿，一手扶住颈部

（3）双手握住两前肢，倒提 　　（4）一手固定颈部，一手固定腰
　　　　　　　　　　　　　　　　　　　　　背皮肤

（5）一手绕过颈前，一手握住对 　　（6）卧倒，四肢聚拢
　　　侧后肢

图5-1　正确捉羊与倒羊法

背上，用腿夹住羊的前肢固定好，便可喂药、打针、做各种检查了。

引导羊前进时，如拉住颈部和耳朵时，羊感到疼痛，用力挣扎，不易前进。正确的方法是一手在额下轻托，以便左右其方向，另一手在坐骨部位向前推动，羊即前进。

放倒羊的时候，人应站在羊的一侧，一手绕过羊颈下方，紧贴羊另一侧的前肢上部，另一只手绕过后肢紧握住对侧后肢飞节上部〔图5-1（5）〕，轻托后肢，使羊卧倒〔图5-1（6）〕。

二、编号

进行肉羊改良育种、检疫、称重、鉴定等工作，都需要掌握羊的个体情况，为便于管理，需要给羊编号（图5-2）。

编号多用耳标法。耳标分为金属耳标和塑料耳标两种，形状有圆形、长条形、凸字形等。使用金属耳标时，先用钢字钉将编号打在耳标上，习惯上编号的第一个字母代表年份的最后一位数，第二、第三个数代表月份，后面跟个体号，"0"的多少由羊群规模大小而宜。种羊场的编号一般采用公单母双进行编号。例如：40200018，"402"代表该羊是2014年2月生的，后面的"00018"为个体顺序号，双数表示此羊为母羊。耳标一般佩戴在左耳上。在小型肉羊场，因为规模小，所产羔羊不多，也可选用五位数对羔羊进行编号：第一个字母代表品种，第二、第三位数代表年份的最后两位数，后面直接跟个体号，公羔标单号，母羔标双号，"0"的多少由羊群规模大小来定。如T1402，T代表所养的肉羊品种是陶赛特，"14"代表是2014年，"02"代表该羔羊的个体号是02号，并且是母羔。

（1）用碘酊消毒

（2）耳标与耳标钳

（3）将耳标打在耳朵上

（4）固定好的耳标

图5-2 给羔羊打耳标

打耳标时，先用碘酊消毒，然后在靠近耳根软骨部避开血管处，用打孔钳打上耳标。塑料耳标目前使用很普遍，可以直接将耳标打在羊的耳朵上，成本低，而且以红、黄、蓝等不同颜色代表羊的等级，适用性更强。

三、去势

去势一般在羔羊生后 1~2 周内进行，天气寒冷或羔羊虚弱，去势时间可适当推迟。去势法有结扎法、刀切法（图 5-3）。结扎法是在公羔生后 3~7 天进行，用橡皮筋结扎阴囊，隔绝血液向睾丸流通，经过 15 天后，结扎以下的部位脱落。这种方法不出血，亦可防止感染破伤风。刀切法是由 1 人固定公羔的四肢，腹部向外显露出阴囊，另一人用左手将睾丸挤紧握住，右手在阴囊下 1/3 处纵切一切口，将睾丸挤出，拉断血管和精索，伤口用碘酒消毒。

（1）结扎法　　　　　　　　（2）刀切法

图 5-3　羔羊的去势

四、去角

肉羊公母羊一般均有角，有角羊只不仅在角斗时易引起损伤，而且饲养及管理都不方便，少数性情恶劣的公羊，还会攻击饲养员，造成人身伤害。因此，采用人工方法去角十分重要。羔羊一般在生后 7~10 天去角，对羊的损伤小。人工哺乳的羔羊，最好在学会吃奶后进行。有角的羔羊出生后，角蕾部呈漩涡状，触摸时有一较硬的凸起。去角时，先将角蕾部的毛剪掉，剪的面积要稍大些（直径约3厘米）。去角的方法主要有以下两种。

（一）烧烙法

将烙铁于炭火中烧至暗红（亦可用功率为300瓦左右的电烙铁）后，对保定好的羔羊的角基部进行烧烙，烧烙的次数可多一些，但每次烧烙的时间不超过1秒钟，当表层皮肤破坏，并伤及角质组织后可结束，对术部应进行消毒。在条件较差的地区，也可用2~3根40厘米长的锯条代替烙铁使用。

（二）化学去角法

即用棒状苛性碱（氢氧化钠）在角基部摩擦，破坏其皮肤和角质组织。术前应在角基部周围涂抹一圈医用凡士林，防止碱液损伤其他部分的皮肤。操作时先重、后轻，将表皮擦至有血液浸出即可。摩擦面积要稍大于角基部。术后应将羔羊后肢适当捆住（松紧程度以羊能站立和缓慢行走即可）。由母羊哺乳的羔羊，在半天以内应与母羊隔离；哺乳时，也应尽量避免羔羊将碱液污染到母羊的乳房上而造成损伤。去角后，可给伤口撒上少量的消炎粉。

五、修蹄

肉羊由于长期舍饲，往往蹄形不正，过长的蹄甲使羊行走困难，影响采食。长期不修还会引起蹄腐病、四肢变形等疾病，特别是种公羊，还直接影响配种。

修蹄最好在夏秋季节进行，因为此时雨水多，牧场潮湿，羊蹄甲柔软，有利于削剪和剪后羊只的活动。操作时先将羊只固定好，清除蹄底污物，用修蹄刀把过长的蹄甲削掉。蹄子周围的角质修得与蹄底基本平齐，并且把蹄子修成椭圆形，但不要修剪过度，以免损伤蹄肉，造成流血或引起感染（图5-4）。

（1）清除污物，削平蹄底

（2）削掉过长的蹄甲

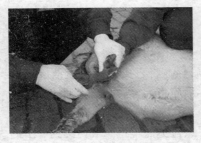
（3）修蹄子周围角质

（4）蹄子修成椭圆形

图 5-4　修蹄

六、羔羊断尾

一些长瘦尾型的羊，为了保护臀部羊毛免受粪便污染和便于人工授精，应在羔羊出生一周后将尾巴在距尾根 4~5 厘米处去掉，所留尾巴的长度以母羊尾巴能遮住阴部为宜。通常羔羊断尾和编号同时进行，可减少抓羊次数，降低劳动强度。

（一）结扎法

就是用橡皮筋或专用橡皮圈，套紧在尾巴的适当位置上（第三、第四尾椎间），断绝血液流通，使下端尾巴因缺血而萎缩、干枯，经 7~10 天而自行脱落（图 5-5）。此方法优点是不受断尾时条件限制，不需专用工具，不出血、无感染，操作简单，速度快，安全可靠，效果好。

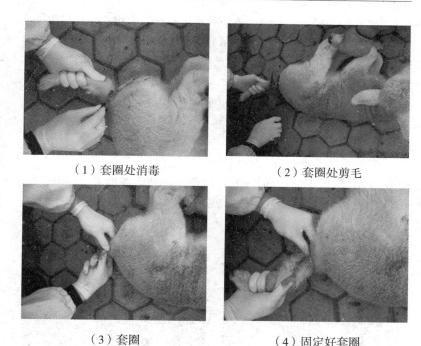

（1）套圈处消毒　　　　　　　　（2）套圈处剪毛

（3）套圈　　　　　　　　　　　（4）固定好套圈

图5-5　羔羊断尾

（二）热断法

用带有半月形的木板压住尾巴，将特制的断尾铲加热后用力将尾巴铲掉。此方法需要有火源和特制的断尾工具及2人以上的配合，操作不太方便，且有时会形成烫伤，伤口愈合慢，故不多采用。

七、剪毛

春季在清明前后，秋季在白露前剪毛。

剪毛应注意以下6点。

① 剪毛应在天气较温暖且稳定时进行，特别是春季更应如此，剪毛后要有圈舍，以防寒流袭击而造成羊群伤亡。

②剪毛前 12~24 小时内不应饮水、补饲，空腹剪毛比较安全。

③不管是手动剪毛（图 5-6）还是电动剪毛（图 5-7），剪毛动作要轻、要快，特别是对于妊娠母羊要小心，对妊娠后期的母羊不剪毛为好，以防造成流产。

④不要剪重剪毛（回刀毛、重茬毛），剪毛应紧贴皮肤，留毛茬 0.3~0.5 厘米，即使留毛茬过高，也不要重剪第二次，因第二次剪下的毛过短，失去纺织价值。

⑤剪毛场所要干净，防止杂物混入毛内。

⑥剪毛时，对剪破的皮肤伤口要用碘酒涂擦消毒。在发生破伤风的疫区，每年都应注意注射破抗疫苗，以防发生破伤风。

图 5-6　手工剪毛

图 5-7（1）　电动剪毛机的动力

图 5-7（2）　电动剪毛机

图 5-7（3）　电动剪毛

八、药浴

药浴是用杀虫剂药液对羊只体表进行洗浴。山羊每年夏天进行药浴，目的是防治肉羊体表寄生虫、虱、螨等。常用药有敌杀死、敌百虫、螨净、除癞灵等及其他杀虫剂。

（一）盆浴

盆浴的器具可用浴缸、木桶、水缸等（图5-8），先按要求配制好浴液（水温在30℃左右）。药浴时，最好由两人操作，一人抓住羊的两前肢，另一人抓住羊的两后肢，让羊腹部向上。除头部外，将羊体在药液中浸泡2~3分钟；然后，将头部急速浸2~3次，每次1~2秒即可。

图5-8 药浴盆浴法

（二）池浴

此方法需在特设的药浴池里进行。最常用的药浴池为水泥建筑的沟形池，进口处为一广场，羊群药浴前集中在这里等候。由广场通过一狭道至浴池，使羊缓缓进入（图5-9）。浴池进口做成斜坡，羊由此滑入，慢慢通过浴池。池深1米多，长10米，池底宽30~60厘米，上宽60~100厘米，羊只能通过而不能转身即可。药浴时，人站在浴池两边，用压扶杆控制羊，勿使其漂浮或沉没。羊群浴后应在出口处（出口处为一倾向浴池的斜面）稍作停留，使羊身上流下的药液可回流到池中。

图 5-9　药浴池药浴

（三）淋浴

在特设的淋浴场进行，优点是容浴量大、速度快、比较安全。淋浴前先清洗好淋浴场，并检查确保机械运转正常即可试淋。淋浴时，把羊群赶入淋浴场，开动水泵喷淋。经 3 分钟左右，全部羊只都淋透全身后关闭水泵。将淋过的羊赶入滤液栏中，经 3~5 分钟后放出。池浴和淋浴适用于有条件的羊场和大的专业户；盆浴则适于养羊少，羊群不大的养羊户使用。

羊只药浴时应注意以下几点。

① 药浴应选择晴朗无大风天气，药浴前 8 小时停止放牧或喂料，药浴前 2~3 小时给羊饮足水，以免药浴时吞饮药液。

② 先浴健康的羊，后浴有皮肤病的羊。

③ 药浴完，羊离开滴流台或滤液栏后，应赶入晾棚或宽敞的羊舍内，免受日光照射，过 6~8 小时后可以喂饮或放牧。

④ 妊娠 2 个月以上的母羊不进行药浴，可在产后一次性皮下

注射阿维速克长效注射液进行防治，安全、方便、疗效高，杀螨驱虫效果显著，保护期长达110天以上。也可采用其他阿维菌素或伊维菌素药物防治。

⑤ 工作人员应戴好口罩和橡皮手套，以防中毒。

⑥ 对病羊或有外伤的羊，以及妊娠2个月以上的母羊，可暂时不药浴。

⑦ 药浴后让羊只在回流台停留5分钟左右，将身上余药滴回药池。然后赶到阴凉处休息1~2小时，并在附近放牧。

⑧ 当天晚上，应派人值班，对出现有个别中毒症状的羊只及时救治。

九、驱虫

羊的寄生虫病较常见，患病羊往往食欲降低，生长缓慢，消瘦，毛皮质量下降，抵抗力减弱，重者甚至死亡，给养羊业带来严重的经济损失。为了防止体内寄生虫病的蔓延，每年春秋两季要进行驱虫。驱虫后1~3天内，要安置羊群在指定羊舍和牧地放牧，防止寄生虫及其虫卵污染羊舍和干净牧地。3~4天后即可转移到一般羊舍和草场。

常用的驱虫药物有四咪唑、驱虫净、丙硫咪唑、伊维菌素、阿维菌素等（图5-10）。丙硫咪唑是一种广谱、低毒、高效的驱虫药，每千克体重的剂量为15毫克，对线虫、吸虫、绦虫等都有较好的治疗效果。为防止寄生虫病的发生，平时应加强对羊群的饲养管理。注意草料卫生，饮水清洁，避免在低洼或有死水的牧地放牧。同时结合改善牧地排水，用化学及生物学方法消灭中间宿主。多数寄生虫卵随粪便排出，故对粪便要发酵处理。

图5-10　尾部皮下注射伊维菌素

第二节　狠抓羔羊培育

一、做好羔羊出生前的准备工作

（一）推算预产期

有配种记录的母羊，可以按配种日期以"月加五，日减三"的方法来推算预产期。例如，4月8日配种怀孕的母羊其预产期应为9月5日，10月7日配种怀孕的母羊则为翌年的3月4日。

（二）做好产羔前的准备工作

1. 产房

为了保证妊娠母羊的安全产羔和羔羊的成活率，必须有产羔房。一般在羊舍中留一块场地，放置产羔栏，每栏的面积为1.5~2米^2。由于羔羊初生时对低温环境特别敏感，在低温环境中，羔羊在出生的最初1小时内直肠温度要降低2~3℃，所以产房的温度在冬季应保持5℃左右。并要求产房通风良好，地面干燥，没有贼风，在地面铺上垫草。

2. 用具及药品的准备

准备好常用的药物和接产用品，如煤酚皂溶液、酒精、碘酊、高锰酸钾、消毒纱布、脱脂棉、强心剂、镇静剂、催产素、注射器、针头、温度计、剪刀等。

3. 人员安排

接羔护羔是一项重要而细致的工作，要安排接产人员和羔羊护理人员，做好随时接羔的准备工作。

二、接产与羔羊护理

（一）母羊分娩征兆

母羊在分娩前，机体的某些器官在组织学上发生显著的变化，母羊的全身行为也与平时不同，这些变化是以适应胎儿产出和新生羔羊哺乳的需要而做的生理准备。对这些变化的全面观察，往往可以大致预测分娩时间，以便做好助产准备。

1. 乳房的变化

乳房在分娩前迅速发育，腺体充实，临近分娩时可以从乳头中挤出少量清亮胶状液体，或少量初乳，乳头增大变粗。

2. 外阴部的变化

临近分娩时，阴唇逐渐柔软、肿胀、增大，阴唇皮肤上的皱襞展开，皮肤稍变红。阴道黏膜潮红，黏液由浓厚黏稠变为稀薄滑润，排尿频繁。

3. 骨盆的变化

骨盆的耻骨联合、荐髂关节以及骨盆两侧的韧带活动性增强，在尾根及两侧松软，肷窝明显凹陷。用手握住尾根作上下活动，感到荐骨向上活动的幅度增大。

4. 行为变化

母羊精神不安，食欲减退，回顾腹部，时起时卧，不断努责和鸣叫，腹部明显下陷是临产的典型征兆，应立即送入产房。

（二）巧助产

1. 消毒

将分娩母羊的尾根、外阴部、肛门洗净，以1%来苏儿水洗擦消毒，再用布擦干。

2. 顺产

分娩母羊，其胎羔随羊膜先露出两前蹄和头嘴，胎水破后10~30分钟，羔羊便可顺利产出。如因胎儿大母羊无力产出，要用手握住两前肢，随着母羊努责，轻轻向下方拉出。羔羊产出要用碘酒涂擦羔羊身上的脐带头，防止脐头炎。

3. 助产

遇有胎位不正的，要把母羊后躯垫高，将胎儿露出部分送回，手入产道，纠正胎位，把母羊阴道用手撑大，将胎儿两前肢拉出来再送进去，重复3~4次即可（图5-11）。

图5-11（1） 送回露出的胎儿　　图5-11（2） 顺母羊努责拉出羔羊

（三）救假死

有些羔羊生下来"假死"，还有的因早春天寒冻僵，表现心脏跳动，不喘气。遇此情况要认真检查，不要轻易把"假死"羔羊扔掉，只要赶快动手，就可救活。其方法是：先把羔羊呼吸道内的黏液和胎水清除掉，擦净鼻孔（图5-12），向鼻孔吹气或进行人工呼吸。将羔羊放在前低后高地方仰卧，手握前肢，反复前后屈伸。或倒提羔羊，用手轻拍胸部两侧（图5-13）。还可向羔羊鼻内喷烟，可刺激羔羊喘气。对冻僵的羔羊应立即移入暖室进行温水浴，水温由38℃逐渐升至40℃，洗浴时将羔羊头露出水面，切忌呛水，水浴时间为20~30分钟，如冻僵时间短，可使其复苏。

图5-12　清除羔羊口鼻中的黏液　　图5-13　倒提羔羊并拍打胸部两侧

（四）矫弃羔

有的初产母羊患有恶癖，或因粗暴接产而造成不认自生羔羊，不仅不舔舐羔羊身上的黏液，还不给羔羊哺乳，甚至经常顶、撞、踩压羔羊。遇此情况采取以下措施。

① 将羔羊身上黏液抹入母羊鼻端、嘴内，诱导母羊舔羔（图5–14）。如母羊还不舔羔，应尽快用干布或软草将羔羊身上擦干，扶助羔羊吃上初乳（图5–15）。以后，羔羊即可自然哺乳（图5–16）。

图5–14　诱导母羊舔羔

图5–15　扶助羔羊吃初乳

图5–16　羔羊自然哺乳

② 把母羊和羔羊放入带隔离栏的固定小圈内，或将羔羊单放暖室、暖炕上，每隔2~3小时轰起母羊一次，强迫母羊给羔羊吃奶。经过一周时间，能促进母子相识与亲和，绝大多数弃羔母羊会认羔。

③ 对认羔母羊及时离开小圈，放入中圈饲养。少数仍不认羔要继续留圈强制哺乳。

（五）对弱羔的护理

1.调教母羊护羔

挤其他健壮母羊的初乳喂羔羊。如母羊乳头过大，要人工扶持弱羔衔住乳头哺乳。有的母羊懒惰，要及时轰起令其给羔哺乳。弱羔生后最初几天，须留在室温恒定在5~10℃的暖室，进行特殊护理，等弱羔能独立哺食母乳时，再放入母子小圈观察3~5天，直至羔羊健壮，再放入大群饲养。

2.代哺或换哺

产双羔或3~4羔，母羊奶水不足，强壮羔羊留在母亲身边正常哺乳，把弱羔找产单羔或找死去羔羊的母羊代哺，也可与强壮母羊对换羔羊哺乳。

3.过哺

母羊闻嗅敏感，易拒绝授奶，过哺前一定要将母羊胎液或羊奶涂在过哺或换哺羔羊头部、尾部或周身，使其难以识别真伪，也可强制母羊哺乳羔羊。

（六）人工哺乳

对无奶母羊，又找不到代哺母羊的羔羊，可采取人工哺乳。人工乳可用鲜牛奶、羊奶、奶粉、豆浆等代替，以新鲜奶最好。用奶粉喂羔羊时，应该先用少量温开水把奶粉溶开，然后再加热，防止对好的奶粉中起疙瘩。有条件时再加些鱼肝油、胡萝卜汁、多种维生素、少量食盐及骨粉。代乳料可用小米面、黄豆粉（熟的）、玉米面各占1/3（用于半月龄的羔羊）掺拌，现用现配。哺乳用具和牛、羊奶等喂前要加温消毒，并且要定温（38~39℃）、定量、定时喂给。生后4周内，每天喂6~8次，每次喂50毫升；5~7周以后每天喂4~5次，每次喂100毫升；9周左右，每天喂2~3次，每次喂150毫升。以后酌情定量和次数。喂奶工具可采用鸭嘴式奶瓶，或设饮奶槽、哺乳器，训练自饮。

三、免疫和防病

（一）主要免疫程序

羔羊出生后 12 小时之内，尽可能肌内注射破伤风抗毒素灭活苗，每只 1 毫升。因为羔羊出生后断脐或其他不明原因的创伤，很有可能感染破伤风梭菌。在羔羊出生后的 1 周内尽可能每只注射三联四防灭活苗 1 毫升，肌内注射，避免由于抵抗力低、体质弱的羔羊感染魏氏梭菌，造成羊只大批死亡。

以后的免疫，可参考下列程序灵活调整。

1. 羊三联四防苗

每年 3 月、9 月用于预防羊的羊快疫、羊猝疽、羊肠毒血症、羔羊痢疾等四种传染病。对 3 月龄以上的所有羊只均可进行预防注射，接种方式为皮下或肌内注射，免疫期为半年。

2. 羊链球菌氢氧化铝疫苗

预防羊的链球菌病。4 月龄以上的羊只进行免疫注射，接种方式为皮下注射，免疫期为半年。

3. 山羊传染性胸膜肺炎氢氧化铝灭活疫苗

预防山羊传染性胸膜肺炎，15~30 日龄的羊只均可注射，接种方式为皮下注射，免疫期为 1 年。

4. 绵、山羊痘弱毒冻干苗

预防山羊、绵羊痘。2 月龄以上的羊只均可注射，接种方式为尾根皮内注射，免疫期为 1 年。

5. 羊传染性脓疱皮炎弱毒冻干苗

预防绵羊、山羊的传染性脓疱皮炎，7 日龄以上的羊只均可进行注射，接种方式为口唇黏膜注射，免疫期为 1 年。

6. 布鲁氏菌病灭活苗

预防羊只布鲁氏菌病。5 月龄以上的羊只均可注射，接种方式为肌内注射或口服，免疫期 3 年。

（二）重点防控羔羊痢疾和羔羊肺炎

1. 羔羊痢疾

羔羊痢疾是初生羔羊的一种急性毒血症，以剧烈腹泻和小肠发生溃疡为特征。主要危害7日龄以内的羔羊，其中，又以2~3日龄的羔羊发病最多。

该病病原为B型魏氏梭菌。在羔羊出生后数日内，魏氏梭菌可以通过羔羊吮乳、饲养员的手和羊的粪便而进入羔羊消化道。在外界不良诱因的影响下，羔羊抵抗力减弱，细菌在小肠（特别是回肠）内大量繁殖产生毒素，引起发病。

促使羔羊痢疾发生的不良诱因包括母羊怀孕期营养不良，羔羊体质瘦弱；气候寒冷，特别是大风雪后，羔羊受冻；哺乳不当，羔羊饥饱不均。因此，羔羊痢疾的发生和流行有明显的规律性。草料差而没有搞好补饲的年份，羔羊痢疾容易发生；气候寒冷和气温变化较大的月份，发病最为严重；纯种细毛羊的适应性差，发病率和死亡率最高，杂种羊则介于纯种羊与土种羊之间，其中，杂交代数越高，发病率和死亡率也越高。

自然感染的羔羊潜伏期为1~2天，病初精神委顿，不想吃奶；随后发生腹泻，粪便恶臭；后期有的羔羊的粪便带血，直到成为血便。病羔逐渐虚弱，卧地不起，若不及时治疗，常在1~2天内死亡，只有少数病轻的羔羊可能自愈。有的羔羊腹胀而不下痢，或只排少量稀粪（也可能带血），四肢瘫软、卧地不起、呼吸急促、口吐白沫，最后昏迷，头向后仰，体温降至常温以下。病情严重的病程很短，若不加紧救治，常在数小时到十几小时内死亡。

防治措施：①产羔前对产房做彻底消毒，可选用1%~2%的热烧碱水溶液或20%~30%石灰水喷洒羊舍地面、墙壁及产房一切用具。②刚分娩的羔羊可口服青霉素片，每天1~2片，连服4~5天。③灌服土霉素，每次0.3克，连用3天。④对母羊注射羔羊痢疾菌苗2次，在分娩前25天左右皮下注射2毫升，隔10天再注射3毫升。

一旦发现羔羊患有痢疾可采取如下方法治疗。①土霉素、胃蛋白酶各 0.8 克，分 4 次服用，每 6 小时加水灌服 1 次。② 盐酸土霉素 200 毫克，每 6 小时肌内注射 1 次，连用 2~3 天。③ 土霉素、胃蛋白酶各 0.8 克，次硝酸铋、鞣酸蛋白各 0.6 克，分 4 次服用，每 6 小时加水灌服 1 次，连服 2~3 天。④ 磺胺脒、胃蛋白酶、乳酶生各 0.6 克，分 4 次服用，每 6 小时加水灌服 1 次，连用 2~3 天。⑤ 磺胺脒、乳酸钙、次硝酸铋、鞣酸蛋白各 1 份，充分混合，每天灌服 2 次，每次 1.0~1.5 克，连服数日。⑥ 严重脱水或昏迷的羔羊除用上述药方外，还可静脉注射 5% 葡萄糖生理盐水 20~40 毫升，皮下注射阿托品。

2. 羔羊肺炎

由肺炎球菌和羊霉形体引起。此病多发生于冬末春初昼夜温差大的季节，并多见于瘦弱母羊产下的羔羊。由温带转入寒带饲养的羊所产羔羊发病率高。

在发病严重地区，母羊和 2 月龄以上的幼龄羊要注射羊肺炎支原体灭活疫苗 2~3 毫升。

治疗方法：① 胸腔注射青霉素、链霉素各 10 万 ~20 万单位，在倒数第 6~8 肋间，背部向下 4~5 厘米处进针深 1~2 厘米，每天 2 次，连用 3~4 天。② 肌内注射磺胺嘧啶，每天 2 次，每次 2~3 毫升，连用 3~4 天。③ 枝原净、泰乐霉素口服或注射，每千克体重用药 45 毫克，每天 1 次，连用 6 天。

第三节 肥羔生产与成羊育肥

一、肥羔生产技术

肥羔生产具有生产周期短、成本低、充分利用夏秋牧草资源和生产的肉质好等特点，所以它成为近年来国内外羊肉生产的主要方式。断奶后不作种用的羔羊可转入育肥期，育肥可采取放牧加补饲法、半牧半舍饲加补饲法、舍饲加补饲法进行肥育。

为了提高肥羔生产效益，必须掌握以下技术措施。

（一）选择育肥羔羊

羔羊来自早熟、多胎、生长快的母羊所生；也可以用肉用品种公羊来交配本地土种羊，生产一代杂种，利用杂种优势生产肥羔。如用陶赛特与本地羊杂交，生产的杂交一代波尔山羊与当地母羊杂交生产的杂交一代，这些杂交一代肥育效果都很好。

合理安排母羊配种，多安排在早春产羔，这样可以延长生长期而增加胴体重。

母羊产后母仔最好一起舍饲15~20天。这段时间羔羊吃奶次数多，几乎隔1个多小时就需要吃一次奶。20天以后，羔羊吃奶次数减少，可以让羔羊在羊舍饲养，白天母羊出去放牧，中午回来奶一次羔。

（二）适时断奶

羔羊一般3~4个月断奶，条件好的羊场，全年采取频密繁殖时，可1.5~2月龄断奶。采用逐渐断奶法，即逐渐减少哺乳次数，到第7天即可断奶。

断奶羔羊断奶不离圈，断奶不离群，即原羊舍羔羊留圈饲养，尽量保持原来的环境，饲喂原来的饲料，尽量不因断奶影响羔羊的生长发育。

断乳后的羔羊，要单独组群放牧育肥或舍饲肥育，要选择水草条件好的草场进行野营放牧，突击抓膘。

（三）及时补饲

母羊泌乳量随着羔羊的快速生长而逐渐不能满足其营养需要，必须补饲，一般羔羊生后15天左右开始啃草，这时应喂一些嫩草、树叶等，枯草季节可喂些优质青干草。补饲精料时要磨碎，最好炒一下，并添加适量食盐和骨粉。补充多汁饲料时要切成丝状，并与精料混拌后饲喂。补饲量可做如下安排：15~30日龄的羔羊，每天补混合精料50~75克，1~2月龄补100克，2~3月龄补200克，3~4月龄补250克，每只羔羊在4个月哺乳期需补精料10~15千克。对青草的补饲可不限量，任其采食。

对放牧肥育的羔羊而言，在枯草期前后也要进行补饲，可延长肥育期，提高胴体重量。对舍饲肥育羔羊要用全价配合饲料肥育，最好制成颗粒料饲喂，玉米可整粒饲喂，并注意充足饮水和矿物质的补饲。

（四）加强育肥羔羊的饲养管理

① 肥育前要驱除体内外的寄生虫，用虫克星 0.2 克 / 千克体重，盐酸左旋咪唑 10 毫克 / 千克体重。

② 按品种、性别、年龄、体况、大小、强弱合理进行分群，制订育肥的进度和强度。公羔可免去势育肥，若需去势宜在 2 月龄进行，去势后要加强管理。

③ 贮备充分的饲草饲料，保证育肥期不断料，不轻易地变更饲料。同一种饲料代替另一种饲料时，先代替 1/3（3 天），再加到 2/3（3 天），逐步全部替换。

④ 育肥羊在育肥期如要舍饲，应保持有一定的活动场地，羔羊每只占地 0.75~0.95 米^2。

⑤ 推广青贮、氨化饲草，充分利用秸秆，扩大饲草来源。青贮、氨化秸秆制作方法简便易行，成本低，且营养价值高，适口性好，羊爱吃。饲喂青贮、氨化秸秆时，喂量由少到多，逐步代替其他牧草，适应后，每只羊每日喂青贮饲料 3~4 千克，氨化秸秆 1~1.5 千克，并补充适量的尿素。

⑥ 要确保育肥羊每日都能喝足清洁的水。据估计，气温在 15℃时，育肥羊饮水量在 1 千克左右；15~20℃时，饮水量 1.2 千克；20℃以上时饮水量接近 1.5 千克，冬季不宜饮用雪或冰水。

⑦ 保证饲料的品质，不喂发霉变质和冰冻的饲料。喂饲时避免羊只拥挤、争食。因此，饲槽长度要与羊数相称，每只羊 25~40 厘米，自动食槽可适当缩短，每只羊 5~10 厘米。投饲量不能过多，以吃完不剩为理想。

（五）育肥阶段与饲料配方

羔羊育肥阶段的划分根据羔羊体重的大小确定，不同阶段补饲的饲料组成、补饲量都有所不同。一般在羔羊育肥的前期，由于羔羊的身体各个器官和组织都在生长发育，饲料中的蛋白质含量就要求高；在育肥的后期，主要是脂肪沉积时所需，能量饲料比例应加大。

在管理上，育肥前期管理的重点是观察羔羊对育肥管理是否习惯，有无病态羊，羔羊的采食量是否正常，根据采食情况调整补饲标准、饲料配方等；到了育肥中期，应加大补饲量，增加蛋白质饲料的比例，注重饲料中营养的平衡质量；育肥后期，在加大补饲量的同时，增加饲料中的能量，适当减少蛋白质的比例，以增加羊肉的肥度，提高羊肉的品质。补饲量的确定应根据体重的大小，参考饲养标准补饲，并适当超前补饲，以期达到应有的增重效果。无论是哪个阶段都应注意观察羊群的健康状态和增重效果，随时改变育肥方案和技术措施。

1.前期

玉米55%、麸皮14%、豆饼（豆粕）30%、骨粉1%。每天加添加剂（羊用）20克，食盐5~10克。每日每只供精料0.5千克左右。

2.中期

玉米60%、麸皮15%、豆饼（豆粕）24%、骨粉1%。每天加添加剂（羊用）20克，食盐5~10克。每日每只供精料0.7千克左右。

3.后期

玉米65%、麸皮14%、豆饼（豆粕）20%、骨粉1%。每天加添加剂（羊用）20克，食盐5~10克。每日每只供精料0.9千克左右。

（六）适时出栏

在冬季来临之前，除留一定数量的基础母羊、种羊外，商品羔羊全部出栏。实践证明，实行以羔羊当年育成出栏，可以实现"双赢"的效果：羔羊当年育成出栏，养羊的出栏率、商品率提高了，羔羊肉好吃、卖价高；羔羊当年育成出栏，商品肉羊在秋季出栏了，越冬的只有种羊和母羊，冬春季减少了对饲草料、棚圈的需求，冬春舍饲喂养，不再进行放牧，有效地保护了草原、草场生态。

二、成年羊育肥技术要点

成年羊是指 2 岁以上的羊、母羊和羯羊，这些羊由于多年生产已失去生殖和哺育后代的能力，有的因生产性能低或病残失去饲养价值，有的因羊群更新需要淘汰，有的羯羊已达屠宰体重需要出栏。这些羊所产生的羊肉称为大羊肉。成年羊肉目前仍是我国羊肉生产的主要部分，这些羊体重较大，体格发育成熟，但有的羊在肥度上有些差，肉质相对的较老。为了改善成年羊肉的品质，提高羊肉的产量和经济效益，在出栏前应对这些羊进行短期的育肥。

主要技术要点如下。

1. 育肥方式

主要是舍饲育肥。

2. 调整羊的生理状态

对于育肥的养只，应使其处于非生产状态，如母羊应停止配种、妊娠或哺乳；公羊应停止配种、试情，并进行去势。各类羊在育肥前应剪毛，这样既可增加收入，也不影响羊皮的质量，而且能改变羊的皮肤代谢，促进羊的育肥。

3. 驱虫、药浴

育肥开始前，应用驱虫药物对羊驱虫，对有疥癣的羊进行药浴或局部涂擦药物灭癣。

4. 分段饲养，加强补饲

适应期：育肥羊转入舍饲育肥，开始有一个过渡阶段，时间15 天左右，主要任务是熟悉环境，消除应激反应，恢复体力。日粮以品质优良的粗饲料为主，不喂或少喂精料，精、粗料比例为3∶7，随着体力的恢复，逐步增加精饲料。此期由于生理补偿作用，日增重快，增重效果较好。

过渡期：这个时期25 天左右，任务是适应粗粮型日粮。防止膨胀、拉稀、酸中毒等疾病的出现。日粮中粗料比例不断增加，粗、精比为 6:4。防止粗、精比例相近的情况出现，以避免淀粉与纤维素消化之间的负工作，降低消化率，蛋白质水平稍低于前者。

催肥期：时间约 30 天，通过提高精料比例，一般可达 25%，进行强度育肥。饲料的饲喂次数增加，尽量让羊多吃，使日增重达到 200~250 克以上。供给优质青干草或青贮、氨化饲料，喂给含能量高的混合饲料，以增加育肥的速度，缩短育肥的时间。当羊体重达 40~50 千克、膘情达中度以上时出栏屠宰。

成年羊育肥的饲料配方各地不尽相同，配方的组成因根据羊体格的大小、膘情的好坏、饲料的来源和饲料的价格等多种因素确定，甚至用全玉米饲料作育肥日粮也可以。

三、全舍饲育肥肉羊的管理

（一）全舍饲肉羊的饲喂技术

全舍饲肉羊一般每天分 3~4 次饲喂。饲草采取自由采食，另外再分顿饲喂精料，一般是每天喂两次草、一次精料，或是四次草、两次精料。设置水槽，自由饮水。饲喂方式是先差后好，少喂勤添，先草后料，先粗后精，定时定量。饲草要切成 1.5~2.0 厘米的小段；精料一般制成颗粒料为宜，若是粉状最好用水拌成湿拌料；每只羊每天喂精料的实际喂量还需根据羊的品种、性别、年龄、体重、用途、生理状况等进行调整。饮水要保持清洁，冬温夏凉。

（二）全舍饲肉羊的运动

由于肉羊天性好动，擅长奔走，这既符合其采食特点，又有利于增强体质，提高免疫力。因此，舍饲肉羊应注意提供肉羊的活动场所，以保证羊只每天得到充足的运动。每天驱赶 2~3 次，每次 20~30 分钟，也能达到舍饲肉羊的运动目的。

（三）全舍饲肉羊的饲料配合

不同性别、年龄、体重或不同生理状况的羊选用不同的饲养方式和饲养标准。饲养标准可从相关的资料中查得。饲料种类要多样化，适口性要好。选用饲料可根据当地条件就地取材，同时，也要考虑饲料的价格，以降低饲养成本。

第四节　种羊的饲养管理

一、种公羊的饲养管理技术

（一）非配种期种公羊的饲养

种公羊在非配种期的饲养要求是：保持正常的体况和中上等的膘情，以草为主，根据膘情适当补饲精饲料。在夏秋季主要以禾本科的杂草为主，还要饲喂一些豆科牧草，如苜蓿草、红豆草等。只要能满足青草采食量，并注意草的多样化搭配，就不必多补充精饲料或不补饲。在缺乏青草的冬春季节，除饲喂一定量的玉米青贮外，还要补饲青干草和优质的豆科苜蓿干草。

饲喂方法是干草自由采食，精饲料适当增加，每只公羊每天补喂精饲料 0.5~0.75 千克（其配方为：60% 玉米、20% 豆饼、10% 棉籽饼、10% 麸皮。另添加：2.5% 的磷酸氢钙、2% 食盐、0.013% 的维生素），胡萝卜 0.5~1 千克（冬季或春季缺乏青草季节）。管理上，实行公母羊分圈饲养，可以将几只公羊饲养在一个羊圈内。饲喂要定时，少喂勤添，每天分 3 次饲喂。要注意公羊的运动，使公羊保持健康的体况。

（二）配种期种公羊的饲养

1. 配种前期

配种前期是指在配种季节到来的前 1~1.5 个月的时间。此阶段种公羊饲养管理的重点是：加强饲养，配种训练，精液品质检查，安排配种计划。在此阶段要着重加强种公羊的补饲和运动锻炼。精饲料的补饲量可以增加到 0.7 千克，在精饲料中注意增加蛋白质饲料的比例。种公羊的运动要增加到 4 个小时以上。对于人工授精用的种公羊，在此阶段要采精 3~5 次，检查精液的品质，根据精液的品质和性欲情况调整饲料配方和补饲量，预测配种能力，并做好其他配种前的准备工作。

2. 配种期

配种期间的饲养应抓好以下几个重点。① 合理的补饲。每只种公羊每天补饲含蛋白质较高的精饲料 0.7~1.5 千克（根据羊的体重大小、膘情和配种任务而定），胡萝卜 1 千克（冬季），食盐 15 克，骨粉 10 克，分 2~3 次补饲，先喂精料，再自由采食青草。在配种任务较大时，为了提高种公羊的精液品质，可在羊的饲料中加入生鸡蛋 2~3 枚，将鸡蛋捣碎拌入料中。② 加强运动，通过运动增强种公羊的体质和提高种公羊的性欲。每天运动时间 4~6 小时。③ 合理安排采精的次数和连续利用的时间。在种公羊体况较好的情况下，每天上午和下午共采精 2~3 次，每周休息 1 天。

3. 配种后恢复期

在经历了一段的配种后，往往出现种公羊体重减轻的现象，所以在配种完后的一段时间内仍要加强对种公羊的饲养管理。这一阶段的主要任务是恢复体况。每只种公羊每天补饲的精饲料要逐渐减少，饲料中的蛋白质含量可以适当降低。经一个月左右的恢复期，使种公羊的膘情恢复到配种前的体况，然后按非配种期的饲养管理进行。

二、母羊的饲养管理技术

依照生理特点和生产目的不同可分为空怀期、配种前的催情期、妊娠前期和妊娠后期，哺乳前期和哺乳后期 6 个阶段，其饲养的重点是妊娠后期和哺乳前期这 4 个月。

（一）空怀期的饲养管理技术

指母羊从哺乳期结束到下一个配种期的一段时间。

这个阶段的重点是要求迅速恢复种母羊的体况，为下一个配种期做准备。以饲喂青贮饲料为主，可适当补喂精饲料，对体况较差的可多补一些精饲料，夏季不补，冬季补。在此阶段除搞好饲养管理外，还要对羊群的繁殖技术进行调整，淘汰老龄母羊和生长发育差、哺乳性能不好的母羊，调整羊群结构。

（二）配种前期的催情补饲

为了保证母羊在配种季节发情整齐，缩短配种期，增加排卵数和提高受胎率，在配种前 2~3 周，除保证青饲草的供应，还要适当喂盐，满足自由饮水，还要对繁殖母羊进行短期补饲，每只每天喂混合精料 0.2~0.4 千克。这样有助于发情。

（三）妊娠前期的饲养管理

妊娠前期指开始妊娠的前 3 个月，这阶段胎儿发育较慢，所需要营养无显著增多，但要求母羊能继续保持良好膘度。依靠青草基本上能满足其营养需要，如不能满足时，应考虑补饲。管理上要避免吃霜草和霉烂饲料，不饮冰水，不使受惊猛跑，以免发生流产。

（四）妊娠后期的饲养管理

妊娠后期的 2 个月中，胎儿发育速度很快，90% 的初生重在这阶段完成。为保证胎儿的正常发育，并为产后哺乳贮备营养，应加强母羊的饲养管理。对在冬春季产羔的母羊，由于缺乏优质的青草。饲草中的营养相对要差，所以应补优质的青干草。每只妊娠母羊每天补充含蛋白质较高的精饲料 0.4~0.8 千克，胡萝卜 0.5 千克，食盐 8~10 克；对在夏季和秋季产羔的妊娠母羊，由于可以采食到青草，饲草的营养价值相对较好，根据妊娠母羊的不同体况，每只妊娠母羊可以补充精饲料量 0.2~0.5 千克，食盐 10 克，骨粉 8~10 克。管理上严防挤压、跳跃和惊吓，以免造成流产，不喂发霉变质和冰冻饲料。

（五）哺乳前期饲养管理技术

哺乳前期是指羔羊产后 2 月龄内，这段时间的泌乳量增加很快，2 个月后的泌乳量逐渐减少，即使增加营养，也不会增加羊的泌乳量。所以在泌乳前期必须加强哺乳母羊的饲养和营养。为保证母羊有较高的泌乳量，在夏季要充分满足母羊青草的供应，在冬季要饲喂品质较好的青干草和各种树叶等。同时要加强对哺乳母羊的补饲，根据母羊哺乳羔羊的数量、母羊的体况来考虑哺乳母羊的补饲量。每天喂混合精料 0.8 千克，胡萝卜 0.5 千克。

产后的母羊管理要注意控制精料的用量，产后 1~3 天内，母羊不能喂过多的精料，不能喂冷、冰水。羔羊断奶前，应逐渐减少多汁饲料和精料喂量，防止发生乳房疾病。母羊舍要经常打扫、消毒，胎衣和毛团等污物要及时清除，以防羔羊吞食发病。

（六）哺乳后期的饲养管理技术

哺乳后期母羊的泌乳性能逐渐下降，产奶量减少，同时羔羊的采食能力和消化能力也逐渐提高，羔羊生长发育所需要的营养可以从母羊的乳汁和羔羊本身所采食的饲料中获得。所以哺乳后期母羊的饲养已不是重点，精饲料的供给量应逐渐减少，每天减为0.5千克，胡萝卜0.3千克左右。同时，应增加青草和普通青干草的供给量，逐步过渡到空怀期的饲养管理。

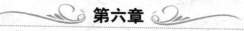

第六章
防病与治病，向健康要效益

第一节 羊病的预防

把非正常生理状态、影响羊生长或生产性能的各种症状都可以称为羊的病态。羊病是多种多样的，根据其病原和病性可分为传染病、寄生虫病和普通病三大类。

传染病是由病原微生物（如细菌、病毒、支原体等）引起的疾病，特点是流行快、传播广、控制难、临床治疗难、死亡率相对较高。如羊快疫传播速度快，羊破伤风治疗难，死亡率高。对传染病的防治主要是以预防为主，每年定期注射疫苗，可以控制和防止传染病的发生。

寄生虫病是由寄生虫（如螨虫、蠕虫、吸虫和昆虫、原虫等）寄生于羊体内外所引起的疾病。虫体对羊的组织器官等造成损伤及抵抗力下降等，严重者可导致死亡。寄生虫病虽不传染，但由于羊群所生活的环境相同，所以寄生虫病有群发性，严重时对羊群的危害程度不亚于传染病。对寄生虫病的防治主要是每年定期驱虫和注意环境卫生。

普通病是指非传染病和寄生虫病的其他疾病。其病因是多种多样的，有人为的原因、环境的原因、羊本身的原因、饲草饲料的原因等。防治主要是加强饲养管理，有病早治，治疗与饲养管理相结合。

一、羊病的发生特点

① 羊具有较强的抗病能力，且很少生病。

② 羊对病的反应不太敏感，在发病初期往往没有明显的症状，只在病情严重时才有明显的表现，这是处于羊病后期，治疗效果不太好。所以，对羊病要早治，在饲养管理中勤观察羊的表现，有异常情况随时检查治疗。

③ 羊病发生有一定的季节性，多数病发生在季节交替时期，特别是冬春交替季节。

④ 羊病发生与饲养管理有直接的关系。在膘情差、管理粗放、环境变化较大和受到应激时往往诱导羊病发生和降低羊的抵抗力。

⑤ 羊病是可以预防的。每年在春季注射预防传染病的疫苗，春秋两季做好驱虫工作，就可以防止羊传染病和寄生虫病的发生。

二、羊病的防疫措施

要做好羊病的防治工作，必须制定科学的、合理的免疫程序，综合性的防疫防治措施，将饲养工作与防疫工作紧密结合起来，以取得防病灭病的综合效果。

（一）加强饲养管理

坚持自繁自养，以提高羊的品质和生产性能，增强对疾病的抗病力，并可减少检疫的劳力，可以防止带来新的病原体。合理的饲养管理（比如适时进行补饲，妥善安排生产环节），可以保证羊只良好的生长发育，使之具有健康的体质。这样抗病力就有所增强，发病率少。合理的划区放牧，可显著减少寄生虫病的发病率；细致的管理可以及早发现普通病的发病率，同时也可减少传染病的发生和传播。

（二）搞好环境卫生，定期消毒

羊所处环境卫生条件的好坏，与疾病的发生有密切的关系。环境污染有利于病原体的滋生和疫病的传播。有利于蚊、蝇、老鼠等病原体宿主和携带者的繁衍。同时环境污秽易污染饲草料和饮水，最终导致羊疫病的发生和传播。因此，羊圈舍、场地及用具应保持整洁、干燥，定期消毒，及时清除粪便，并且定点堆放，使其发酵，保证羊只洁净的饲草、饲料和饮水，做好杀虫灭鼠工作。清洁的环境卫生状况有利于羊只的健康发育。

（三）严格执行检疫制度

检疫是应用各种诊断方法，对羊及其产品进行疫病（主要是传染病和寄生虫病）检查，并采取相应的措施，以防疫病的发生和传播。羊从生产到出售，要经过出入场检疫、收购检疫、运输检疫和屠宰检疫。只有经过检疫才能发现有没有病，如没有方可让羊只及其产品进入市场和运输。这里面，出入场检疫是最重要的检疫环节。为了避免疫病的发生，要做到不从疫区购买羊只、饲料和饲草。同时新购入的羊只必须隔离 1 个月以上，确认无病时才可入场，而且在进场前要驱虫、消毒或补注疫苗。羊场严防非工作人员进入，如要进入，必须对其认真消毒。

（四）定期驱虫

为了预防羊的寄生虫病，首先做到加强饲养管理，提高羊的体质和抵抗力；治疗病羊，消灭体内外病原，防止感染其他羊群，驱除外环境虫体；消灭中间宿主，切断传播途径。在发病季节到来之前，进行预防性的驱虫，所用的药物有多种，应视病的流行情况选择应用。丙硫咪唑具有高效、低毒、广谱的优点，对羊常见的胃肠道线虫、肺丝虫、肝片吸虫和绦虫均有效，可同时驱除混合感染的多种寄生虫。药浴液可用溴氰菊酯 50~80 毫克，也可用石硫合剂。实行药浴，一般在 4~5 月和 10~11 月各进行一次，当年羔羊应进行一次。使用驱虫药要求剂量准确，最好先用小群驱虫试验，效果好再大批量的驱，驱虫过程中发现病羊中毒，要对症治疗，及时解决驱虫过程中出现的毒副作用。

（五）免疫接种

是激发羊体产生特异性抵抗力，使其对某种传染病从易感转化为不易感的一种手段。有组织有计划地进行免疫接种，是预防和控制羊传染病的重要措施之一。免疫接种应事先摸清本地区疫病发生规律，有针对性地进行定期的免疫接种。并按合理的免疫程序进行接种，各地区、各羊场可能发生的传染病不止一种，而可以用来预防这些传染病的疫苗的性质又不尽相同，免疫期长短不一。因此羊场需用多种疫苗来预防不同的病，也需要根据各种疫苗的免疫特性来合理地安排免疫接种的次数和间隔时间，这就是免疫程序。

（六）预防中毒

某种物质进入机体，在组织与器官内发生化学或物理化学的作用，引起机体功能性或器质性的病理变化，甚至造成死亡，此种物质称为毒物，由毒物引起的疾病称为中毒。

预防中毒的措施：健全防病和防毒制度；对饲料的来源、成分、加工调制、环境都应检查；掌握当地有毒、有害的植物种类，不让羊只吃上；实行轮回放牧，防止羊只误食毒草，禁止给羊饲喂发霉的饲料，严防羊只误食农药、化肥污染过的饲草而出现中毒。禁止用存放过毒剂的容器、仓库、运输工具等贮运草料。同时禁止饮用工厂排出的废水或被化肥、农药等污染过的死水。

（七）实施药物预防

羊场可能发生的疾病多种多样，有些病已研制出有效的疫苗，有些还没有有效的疫苗，因此，用药物预防这些病是一项重要措施。通常以安全而价廉的药物加入饲料和饮水中，让羊采食或饮用。一般常用磺胺类、四环素类等药物，一般连用5~7天，必要时可延长。但长期用药，可产生耐药性，要经常进行药敏试验，选择有高度敏感性的药物用于防治。

抗菌增效剂是一类新广谱抗菌药，与磺胺药并用能显著增强疗效，又能与一些抗生素起协同作用，在疫病防治上具有广阔的应用前景。

（八）及时隔离或扑灭传染病

如发现羊群有传染病时，应立即隔离病羊，首先，查明和杜绝传染源，引入羊只应了解产地的疫情，进行常规检疫和诊断检查，进入饲养场后要隔离观察1个月左右，有可疑病羊应置留观察。确诊病羊应及时果断处理。对与羊接触过的羊只也应隔离单独饲养，便于观察，隔离区内的所有用具未经消毒不得运出，使用，工作人员出入要严格消毒，对已确诊隔离的病羊要及时采取措施，对病羊尸体不能随意抛弃，要定点焚烧或深埋。对重大传染病如口蹄疫、羊痘等要及时上报有关部门，划定疫区，采取严格的隔离封锁措施，并尽快消灭疫情。治愈羊须经过一段时间的观察、诊断，确认彻底痊愈后方可与健康羊合群。

第二节　羊病的诊断技术

一、临床诊断

临床诊断法是诊断羊病最常用的方法。通过问诊、视诊、触诊、叩诊和嗅诊所发现的症状表现及异常变化，综合起来加以分析，以便对疾病做出初步诊断，为进一步检验提供依据。

（一）问诊

向畜主或饲养员了解发病的有关情况及发病的时间、发病前与发病后有何表现、病羊过去是否患过同样的或其他病、治疗情况、免疫接种情况、饲养管理情况等，还要问清在同一羊群中是否其他羊只有同样的表现症状。周边村庄及区域内有无该症状病羊及发病历史。

（二）视诊

观察病羊的肥瘦、姿势、步态等，接近病羊仔细察看被毛、皮肤、可视黏膜、粪尿等状况。

1. 肥瘦

营养良好的羊肌肉丰满，皮下脂肪充盈，被毛有光泽，躯体圆满，骨骼棱角不突出。营养不良的羊表现消瘦，被毛蓬乱，皮肤无弹性，骨骼表露明显。同时精神不振，躯体乏力，不愿走动。病羊若是快速消瘦，应考虑胃肠疾病。若病程缓慢，多考虑慢性传染病、寄生虫病。

2.姿势

羊在健康状态时，姿势自然、动作灵活而协调，病理状态下则有多种表现。当四肢疼痛时，站立不自然；如发生蹄炎时，常将四肢集于腹下而站立；两前肢疼痛时则两后肢尽力前伸，两后肢疼痛则两前肢尽力后送；发生骨软病、风湿症时，四肢常频频交替负重；四肢交叉或靠墙而立，常见于中枢神经系统疾病。

3.步态

羊运动时若表现四肢配合不协调、走路缓慢、易倒，常见于寄生虫病、中毒性营养缺乏病。当四肢关节、肌肉和蹄部发生病变时，病羊则表现跛行。

4.毛被及皮肤

健康羊只毛被富有光泽，平整而不易脱落；相反，病羊毛被粗乱蓬松而无光泽，且易脱落。如患螨病的羊，病变处毛被则成片脱落，皮肤也变厚、硬，并有擦伤。同时要注意皮肤颜色及有无水肿、浮肿（见于绵羊肺虫症及肝蛭症）、炎性肿胀、外伤等。

5.黏膜

正常可视黏膜包括眼结膜、鼻腔黏膜、口腔黏膜、阴道及肛门黏膜，在健康状态下均呈现光滑粉红色。若口腔黏膜发红，多由于体温升高，体内有发炎的地方；黏膜发红并有出血点、血丝或呈紫色，是由于传染病或中毒而引起；呈苍白色，多为贫血病，或见于出血过多；黏膜黄染，多为肝病、焦虫病；呈蓝色，见于心脏病及肺脏病。

6.采食

食欲、饮水、口腔、羊只采食及饮水时多时少，或吃泥土、草根等，为有病的表现，可能是慢性营养不良。若反刍次数减少，或无力及停止，均表示前胃有病。口腔有病时，如喉头炎、口腔溃疡、舌面溃烂等，打开口腔即能看见。

7.排泄物粪、尿检查

检查粪便形状、硬度、色泽及附着物。正常的粪便呈小球状，无难闻臭味。若病羊粪便有特殊臭味，见于肠炎；粪便干燥，多是缺水及肠弛缓；粪稀薄多为肠机能亢进；肠管前段出血，粪呈黑褐色，后段出血粪呈鲜红色；粪表面附有黏液，则肠黏膜有卡他性炎症；粪便中混有谷粒和纤维，则表示为消化不良；粪便中混有寄生虫体及节片时，则羊体内存有寄生虫。健康羊只排尿每天 3~4 次，若尿量和次数时多时少，排尿失禁，或痛苦时，均为有病的症候。

8.呼吸

健康羊呼吸每分钟 12~20 次。若呼吸数增加，多见于一些高热性疾病、肺炎、胸膜疾病、心血管疾病等；呼吸减慢，常见于一些中毒性疾病、代谢病等。正常情况下羊的胸部和腹部协调运动，呈胸腹式呼吸。如以胸部运动为主，称胸式呼吸；以腹部运动为主，称腹式呼吸。无论是胸式或腹式呼吸，均为病态。

（三）嗅诊

闻病羊的分泌物、呼出气体、排泄物、口腔气味等。如肺坏疽时，流出鼻液有腐败性恶臭味；胃炎时，粪便有腥臭或恶臭味；当消化不良时，呼出气体带有酸臭味。

（四）触诊

用手指触压羊被检查的部位，并稍加压力，检查确定各个器官或组织是否正常。

1.检查皮肤

主要检查皮肤的弹性、温度、有无肿胀及伤口等。若营养不好，或患有皮肤病，则皮肤没有弹性；体温高时，则皮温也会增高。

2.检查体温

测量体温对于确立诊断有极大的帮助。一般用手摸羊的耳朵或用手插入羊的口腔握住舌头，可知病羊是否发烧。而较准确的测体温，是用体温表测定。在测体温前，一定将体温表内水银柱甩至 35℃以下，然后在体温表上涂点油或水，再慢慢地将体温表插入羊的肛门，深度为体温表的 1/3 留在肛门外面，停留时间 3~5 分钟。羊的体温，幼羊比成年羊高一些，夏季比冬季高一些，运动前后也有差别。羊正常体温是 38~40℃。若高于正常体温，均为发烧，常见于炎性疾病及传染病。

3.检查脉搏

健康羊脉搏每分钟跳动 70~80 次。测羊脉搏的部位，是在后肢股部内侧的动脉，用手触摸。若羊患病时，羊的脉搏所跳次数及强弱均与健康羊不同。

4.检查体表淋巴结

主要体表淋巴结有颌下、肩前、膝上和乳房上淋巴结。若羊患有结核病、羊链球菌病时，则这些淋巴结均有所肿大，其形状、质度、温度、敏感性及活动性等均会发生变化。

5.人工诱咳

检查人员立于羊的左侧，用左手在气管上方第三个软骨环节处，捏压气管，羊有病时，则易引起咳嗽。如羊患肺炎、胸膜炎、结核病时，咳嗽声低弱；如患喉炎及支气管炎时，咳嗽强而有力。

（五）听诊

听诊部位为胸部（心、肺）和腹部（胃、肠）。直接听诊是将一块布平放在被检的部位，而后将耳朵紧贴上，直接听羊体内的声音。间接听诊就是利用听诊器听诊。听诊时将病羊牵到较安静的地方，以免受外界声音干扰。

1.心脏听诊

正常时间可听到一个跟着一个、互相交替的两个声音："咚—嗒"。"咚"音，在心室收缩期发生，是房室瓣的关闭及心肌的收缩音和大动脉弓的紧张音混合而成，故称为缩期心音或第一心音，其特点是低、钝、长，间隔时间短。"嗒"音，是由大动脉及肺动脉半月状瓣的关闭而产生的，发生于心脏的舒张期，故称为舒张期心音或第二心音，其特点是高、锐、短，间隔时间长。第一、第二心音均减弱，见于心脏机能障碍的后期或患有胸膜炎、心包炎；第一心音增加时，常伴有明显的心搏动增强和第二心音微弱，见于心脏衰弱后期，排血量减少，动脉压下降；第二音增强时，见于肺气肿、肺水肿、肾炎等病。若正常心音以外听到有杂音，多为瓣膜疾病及创伤性心包炎等。

2．肺脏听诊

（1）肺泡性呼吸音　健康羊在吸气时，从肺部可听到"呋"的声音；呼气时，则听到"呼"的声音，称为肺泡呼吸音。若肺泡呼吸音过强，多为支气管炎、黏膜肿胀等；过弱时，多为肺泡肿胀、肺泡气肿、渗出性胸膜肺炎等。

（2）支气管性呼吸音　因空气通过喉头狭窄部而发出的声音，似"赫"的声音。若在肺部听到此种声音时，多为肺炎的肝变期，如羊的传染性胸膜肺炎病。

（3）啰音　当羊支气管发炎时，气管内积有炎性分泌物，被呼吸的气流冲动时而发出的声音，有干啰音和湿啰音之分。干啰音似鸣哨音，多见于肺炎初期及慢性支气管炎、慢性肺气肿、肺结核等湿啰音，似含漱音、沸腾音或水泡破裂音，湿性啰音发生的机理，一方面，是当支气管内有稀薄液体（如渗出物、漏出液、分泌液、血液等）存在时，气流通过液体引起液体的移动或水泡破裂而发生的声音，因此，又称为水泡音；另一方面，肺部存在含有液体的较大空洞时，如支气管与空洞相通，气流冲击空洞内液体发生震动，或支气管口位于液面下，均可发生湿性啰音。多发生于肺炎中后期、肺水肿、肺充血、慢性肺炎等。

（4）捻发音　类似人用手指捻头发时所产生的声音，见于肺水肿、慢性肺炎等。

（5）摩擦音　一般有两种。一种是胸膜摩擦音，多发生于肺与胸膜之间，如纤维素性胸膜炎，由于胸膜发炎、纤维素沉积，使得胸膜变得粗糙，当呼吸时相互摩擦而产生声音，似用一只手的手指贴在耳上，后用另一只手的手指轻轻摩擦前一手背而发出的声音。另一种为心包摩擦音，如羊患纤维素性心包炎时，心包失去润滑度，因而随心脏跳动、摩擦而发出杂音。

3．腹部听诊

主要是听胃肠蠕动的声音。健康羊瘤胃蠕动次数，山羊每分钟2~4次，绵羊每2分钟3~6次。但计算蠕动次数必须要数5分钟，然后求其一分钟的平均数。正常瘤胃发出逐渐增强、而后又逐渐减弱、类似揉搓纸张的沙沙声。此种声音强度和次数增加，均表示瘤胃蠕动增强；减弱或完全消失，则表示瘤胃弛缓。网胃听诊从左侧进行，在胸壁下半部第八肋间及剑状突起部听诊，当收缩时，产生接连不断的柔和声音，每分钟1~2次。瓣胃听诊位于右侧第七至第九肋间，健康羊由于食物的移动，可听到长而小沙沙声或捻发音，瓣胃阻塞时此声音消失，弛缓时则减弱。羊的肠音类似流水声或含漱声，健康羊较弱。羊在肠炎初期时，肠音亢进；便秘时，肠音消失。

（六）叩音

叩诊方法一般是用左手食指或中指平放在被查部位，然后用右手中指由第二指节成直角弯曲，向左手食指或中指第二指节上敲打。叩诊的声音有清音、浊音、半浊音、鼓音。

1. 清音

叩诊健康羊的胸廓所发出的持续、高而清亮的音。

2. 浊音

类似健康羊叩诊臀部及肩部肌肉时所发出的音。若病羊胸腔积有大量渗出液时，叩诊胸壁则出现水平浊音界。

3. 半浊音

介于清音和浊音之间的一种声音。叩诊含少量气体的组织，如肺缘可发出此种声音；羊患有支气管肺炎时，肺泡含气量减少，叩诊可呈半浊音。

4. 鼓音

叩诊瘤胃即发出鼓音。如瘤胃膨胀时，则发出的鼓音增强。

二、尸体剖检

（一）剖检用具

剥皮刀、解剖刀、解剖骨锯、剪刀、磨刀棒。

（二）准备用品

秤、量尺、镊子、外科刀、标本固定瓶、解剖服、胶手套、胶围裙、胶靴、毛巾、口罩。

（三）消毒液

肥皂液（用 1% 的原液，配成 100~1 000 倍水溶液）、4% 石炭酸液、70% 酒精、10% 福尔马林液。

（四）剖检时注意事项

解剖用具应经常保持清洁，解剖完后要严密消毒。血液、渗出液及排泄物等应收集在水池内，经消毒处理后再排出。解剖人员要穿解剖衣，戴帽子和围裙，穿胶靴。一般要戴胶手套，再抹上滑石粉，而后再戴上线手套。否则是危险的。尤其在剖检人畜共患的传染病时应特别注意。在剖检中，若不慎把手划破，应立即用流水和消毒液充分冲洗，而后涂碘酊，一般是没问题的。检查人将准备好装有固定液的标本瓶，采取病理组织检查所必需的小块脏器放入固定液内。所采脏器应保持脏器的原样观察，不要随便用水冲洗。胃肠常常用流水将其黏膜轻轻冲洗后进行观察。剖检完后，人员、场地均应进行消毒。

（五）解剖术式

分外部检查及内部检查。

1. 外部检查

在作尸体内部检查之前，必须详细检查尸体外表。外表检查项目有：动物品种、年龄、性别、毛色、体格、被毛、皮肤、腹围的状态、蹄、尸冷、尸僵、尸斑、腐败，特别在检查急性传染病时，剖检前必须注意观察天然孔及可视黏膜有无出血、渗出液、排泄物、分泌物等。

2. 内部检查

羊尸体左侧卧地，先沿腹部正中线切开皮肤，露出皮下组织，四肢部位沿内侧正中线切开，腕关节或飞节以下部位沿屈腱切开，在球节部环形切开皮肤。从这些皮肤切开线剥去全身皮肤。

（1）皮下组织检查　皮下组织有出血，见于败血症、炭疽，中毒等；有胶样浸润，见于炭疽、气肿疽等；淋巴结肿大，见于结核或急性传染病等。

（2）肌肉检查　肌肉退色或混浊，见于热性传染病、中毒等；

肌肉水肿及出血，见于恶性水肿、炭疽、中毒等。

（3）胃和肠的检查　按第一、第二、第三、第四胃的顺序切开，边检查内容物边除去之，然后检查胃黏膜。肠管沿肠系膜附着部位，检查浆膜面，边用肠剪剪开检查内容物，后除去内容物检查黏膜层。如急性肠卡他可见黏膜充血，淋巴结肿胀，黏液增多。

（4）脾脏检查　表面检查从脾头到脾尾沿膈面的中央纵切，同时检查脾门淋巴结。检查脾脏的大小、形状、颜色、硬度、被膜的性状、边缘的状态（边缘薄锐或钝圆）、脾门淋巴结的性状，然后检查脾髓切面的颜色、性状，脾小梁及脾小体的形状等。如患炭疽病死亡的动物脾脏呈现明显的肿胀、充血、柔软，切面呈暗红色的血囊。

（5）肝脏检查　包括肝脏外表的形状，肝脏各叶的比较，被膜的性状、硬度、边缘锐钝状态，肝门淋巴结，然后观察切面的血量、颜色、膨隆的状态等。

（6）肾脏检查　因肾脏被膜密集于肾表面，因此先用刀切一小口，然后用手剥离被膜。检查被膜剥离的难易及肾表面的性状，此时用刀将肾切成两半，检查切面。应注意观察颜色、血量、光泽、肾盂、尿管的性状。当中毒及传染病时，肾常见有出血。

（7）心脏检查　首先切开心包检查心外膜后，即沿左纵沟左侧平行切至肺动脉起始部，检查肺动脉半月瓣及右心室心内膜（注意乳头肌）。而后沿右纵沟右侧，和前切线连接切开至上方的右心房，检查三尖瓣和右心房内膜。左心室和左心房的检查和右侧大致相同，将左纵沟右侧平行切至主动脉起始部，检查主动脉瓣和左心室心内膜（注意乳头肌部）。最后沿右纵沟的左侧切开，切至上方的左心房，在心尖部与前切线连结。检查二尖瓣和心内膜。

（8）肺脏检查　先用视诊及触诊检查整个肺脏的外表。如有异常用剪剪开气管，检查有无异常内容物和黏膜的性状。切开肺部检查其性状。如肺炎、肺泡及细支气管的炎症，患病的肺泡及细支气管内充满炎性渗出物，所以肺泡内不含空气。因此，将肺炎部组织切下一小块放入水中时一定沉入水底。

（9）淋巴结检查　淋巴结是淋巴液的过滤装置，细菌、细菌毒素或化学物质通过淋巴道扩散，常常引起淋巴结发生各种炎症，多为继发于所属组织的炎症。患各种传染病时淋巴结多是肿胀。肿胀淋巴结切面呈髓样、水样，伴有吸收血液的，呈淡红色及至灰红色。

三、送检病料

当羊发生疑似传染病时，应采病料送往有关检验地方检查。采取病料、保存及运送是否正确，对诊断疾病至关重要。

（一）采集病料

1.剖检前检查

凡发现病羊急性死亡时，必须先用显微镜检查其末梢血液抹片中，是否有炭疽杆菌存在，若怀疑是炭疽，则不可随意剖检，只有在确定不是炭疽时，方可进行剖检。

2.采集病料时间

采内脏病料时，应于死亡后立即进行，最好不要超过6小时。因为时间长了，侵入肠的细菌易使尸体腐败，影响病原微生物的检出。

3.采集病料所用的器械

刀、剪、镊子、注射器、针头等，均应煮沸消毒30分钟。器皿（玻璃制、陶制等）则用高压灭菌或干烤灭菌。软木塞或橡皮塞放于0.5%石炭酸水溶液中煮沸10分钟。采一种病料使用一套器皿和器械，不可混用。

4.采取病料

根据不同的传染病，应采取该病常侵害的脏器或内容物。如败血性传染病，可采取心、肝、脾、肺、肾、淋巴结、胃肠等；肠毒血症，应采取小肠及其内容物；有神经症状的传染病，应采取脑、脊髓等。在不了解为何种传染病时，即进行全面采取。检查血清抗体时，采血，待凝固后析出血清，装入灭菌小瓶内送检。

（二）病料保存

采取病料后，如不能立即检验，应装入容器并加入适量保存剂，使病料尽量保持新鲜。

为避免杂菌污染，对病变检查需等采完病料再进行。

1. 细菌性病料保存

将脏器组织块保存在饱和的氯化钠溶液或 30% 甘油缓冲盐水中，容器应加塞密封。若病料为液体，装入封闭的试管内运送。

饱和氯化钠溶液配制法：蒸馏水 100 毫升，氯化钠 38~39 克，混合充分搅拌溶解后，用多层纱布过滤，经高压灭菌后备用。

30% 甘油缓冲盐水溶液配制法：中性甘油 30 毫升，氯化钠 0.5 克，碱性磷酸钠 1 克，加蒸馏水 100 毫升，混合后经高压灭菌备用。

2. 病毒性材料保存

将采的组织块保存在 50% 甘油缓冲盐水溶液或鸡蛋生理盐水中，容器加塞密封。

50% 甘油缓冲盐水溶液配制法：氯化钠 2.5 克，酸性磷酸钠 0.46 克，碱性磷酸钠 10.74 克，溶于 100 毫升中性蒸馏水中，加纯中性甘油 150 毫升、中性蒸馏水 50 毫升，混合装瓶，高压灭菌备用。

鸡蛋生理盐水配制法：首先在新鲜鸡蛋的表面用碘酊消毒，而后打开将蛋内容物倒入灭菌容器内，按全蛋 9 份加入灭菌生理盐水 1 份，摇匀后用灭菌纱布过滤，然后加热至 56~58℃，持续 30 分钟，第二天及第三天按上法再加热 1 次，即可备用。

3. 病理组织检验材料保存

将采取的脏器组织块放入 10% 福尔马林溶液或 95% 酒精中固定，固定液应为病料的 10 倍以上。如用福尔马林溶液固定，此液经固定 24 小时后，应换新鲜溶液 1 次。在冬季为防病料冻结，应将固定好的病料取出，保存在甘油和 10% 福尔马林等量混合液中。

（三）病料运送

运送的病料容器要逐一标号，并详细记录及附病料送检单。首先病料包装要安全稳妥，对于危险病料、怕热或怕冻的材料要分别采取措施。供病理学检验的材料怕冻，一般检查病原学的材料应放在加有冰块的保温瓶内送检，若无冰块，可在保温瓶内加入氯化铵450~500克，加水 1 500 毫升，上层放病料，这样瓶内可保持 0℃ 达 24 小时。病料尽快运送，长途以空运为宜。

四、一般治疗技术

（一）服药技术

羊所用的口服药物分为固体药物和液体药物两种。

1. 固体药物的服药技术

固体药物可分为片剂和粉剂两种。对片剂药物的服用方法是：左手拇指塞在羊嘴里，在羊嘴角处将口腔掰开，右手捏住药片从嘴角处直接将药片塞在羊的口腔后部（舌后 1/3 处）。注意手指不可从前面塞进羊口腔，以防羊门齿咬伤手指。对粉剂药物的服用方法是：先将粉状药物用纸包成圆柱状，然后按片剂药物的服用方法将纸和药一并让羊服下。

2. 液体药物的服药技术

将液体药物灌入啤酒瓶内或专用的灌药瓶，左胳膊夹住羊头并将其抬起，用左手拇指在羊的嘴角处将羊嘴掰开，右手持瓶，将瓶口塞入羊的口腔，随后抬高瓶底，随羊的吞咽动作将液体缓缓灌入口腔。注意灌药不要太急，以防药液灌入羊的气管。

（二）注射技术

1. 肌内注射技术

羊的肌内注射部位有两个地方：一是在羊臀部的三角区内，即羊的腰角到尾根的三角部位；二是在羊的颈部肌肉较厚处。注射时由 1 人保定羊，最好将羊靠在墙角。注射前用酒精或碘酊在注射部位的皮肤上擦拭消毒，右手持注射器找准部位迅速将针头刺入肌肉，缓慢将药液推入。

2. 静脉注射技术

羊的静脉注射部位为颈部颈静脉。在羊的下颌骨后沿，沿颈部侧面可触摸到羊的颈静脉，用剪刀剪去羊毛，酒精消毒后，用左手拇指或食指在近心端压住静脉血管，待血管暴起后用右手持针头平刺入血管中。若针头回血，说明已刺入血管。输液的姿势多采用羊的站立式，对病情严重的羊可以采用羊的卧式。输液时要注意速度不要太快。

3．皮下和皮内注射

皮下注射和皮内注射多见于羊的预防针注射时使用。

皮下注射是指用注射器将药液注射到羊的皮肤和肌肉之间的部位。注射部位的选择通常是在羊的颈部或股内侧皮肤组织松软处。注射时用左手捏起皮肤，右手持针斜向刺进皮肤，注射后在注射点可见有鼓起的小包。

皮内注射是指用注射器将药液注射到羊的真皮层，比皮下注射还要浅。注射手法与皮下注射相似。

4．气管注射

是将药液直接注入气管内。注射时多采用侧卧保定，且头高臀低；将针头穿过气管软骨环之间，垂直刺入，摇动针头确已进入气管，接上注射器，抽动活塞，见有气泡，即可把药液推入。

5．羊瘤胃穿刺注药法

当羊发生急性瘤胃臌气时，可用此法治疗。具体方法是在左肷窝中央臌气最高的部位。局部剪毛，用碘酊涂擦消毒，将皮肤稍向上移，然后将套管针或普通针头垂直地或朝右侧肘头方向刺入皮肤及瘤胃壁，放出气体后，可从套管针孔注入止酵防腐药。拔出套管针后，穿刺孔用碘酒涂擦消毒。

第三节　肉羊粪便与病羊尸体的无害化处理

一、粪便的无害化处理

国家标准《畜禽养殖业污染物排放标准》（GB18596—2001）

规定，用于直接还田的畜禽粪便必须进行无害化处理，防止污染土地。羊粪无害化处理主要是通过物理、化学、生物等方法，杀灭病原体，改变羊粪中病原体适宜寄生、繁殖和传播的环境，保持和增加羊粪有机物的含量，达到污染物的资源化利用。羊粪无害化环境标准是：蛔虫卵的死亡率 ≥ 95%；粪大肠菌群数 ≤ 10 个 / 千克；恶臭污染物排放标准是：臭气浓度标准值 70。

（一）羊粪的处理

1. 发酵处理

粪便的发酵处理利用各种微生物的活动来分解羊粪中的有机成分，从而有效地提高有机物的利用率。在发酵过程中由形成的特殊理化环境也可杀死粪便中病原菌和一些虫卵，根据发酵过程中依靠的主要微生物种类不同，可分为充气动态发酵、堆肥发酵和沼气发酵处理。

（1）充气动态发酵 在适宜的温度、湿度以及供氧充足的条件下，好气菌迅速繁殖，将粪中的有机物质分解成易消化吸收的物质，同时释放出硫化氢、氨等气体。在 45~55℃ 下处理 12 小时左右，可生产出优质有机肥料和再生饲料。

（2）堆肥发酵处理 传统处理羊的粪便消毒方法中，最实用的方法是生物热消毒法，即在距羊场 100~200 米以外的地方设一堆粪场，将羊粪堆积起来，上面覆盖 10 厘米厚的沙土，发酵 30 天左右。利用微生物进行生物化学反应，分解熟化羊粪中的异味有机物，随着堆肥温度升高，杀灭其中的病原菌、虫卵和蛆蛹，达到无害化并成为优质肥料的目的。

（3）沼气发酵处理 沼气处理是厌氧发酵过程，可直接对水粪进行处理。其优点是产出的沼气是一种高热值可燃气体，沼渣是很好的肥料。经过处理的干沼渣还可作饲料。

2. 干燥处理

（1）脱水干燥处理 通过脱水干燥，使其中的含水量降到 15% 以下，便于包装运输，又可抑制畜粪中微生物活动，减少养分（如蛋白质）损失。

（2）高温快速干燥　采用以回转圆筒烘干炉为代表的高温快速干燥设备，可在短时间（10分钟左右）内将含水率为70%的湿粪，迅速干燥至含水仅10%~15%的干粪。

（3）太阳能自然干燥处理　采用专用的塑料大棚，长度可达60~90米，内有混凝土槽，两侧为导轨，在导轨上安装有搅拌装置。湿粪装入混凝土槽，搅拌装置沿着导轨在大棚内反复行走，通过搅拌板的正反向转动来捣碎、翻动和推送畜粪，并通过强制通风排出大棚内的水汽，达到干燥畜粪的目的。夏季只需要约1周的时间即可把畜粪的含水量降到10%左右。

（二）羊粪的利用

羊粪属热性肥料，适用于凉性土壤和阴坡地。羊粪含有机质24%~27%，氮0.7%~0.8%，磷（五氧化二磷）0.45%~0.6%，钾（氧化钾）0.4%~0.5%。羊粪粪质较细，养分浓厚，含有丰富的氮、磷、钾、微量元素和高效有机质；羊粪能活化土壤中大量存留的氮磷钾，有助于农作物的吸收。同时，还能显著提高农作物的抗病、抗逆、抗掉花、抗掉果能力。与施用无机肥相比，施用羊粪可使粮食作物增产10%以上，蔬菜和经济作物增产30%左右，块根作物增产40%左右。

1. 直接用作肥料

羊粪作为肥料首先根据饲料的营养成分和吸收率，估测粪便中的营养成分。另外，施肥前要了解土壤类型、成分及作物种类，确定合理的作物养分需要量，并在此基础上计算出畜粪施用量。

2. 生产有机无机复合肥

羊粪最好先经发酵后再烘干，然后与无机肥配制成复合肥。复合肥不但松软、易拌、无臭味，而且施肥后也不再发酵，特别适合于盆栽花卉和无土栽培及庭院种植业。

3. 制取沼气

沼气是在厌氧环境下，在一定温度、湿度、酸碱度的条件下，微生物在分解发酵有机物质的过程中所产生的一种可燃气体。羊粪制造沼气，入池前要堆沤3天，然后入池发酵。

4.土地还原法

将羊粪与地表土混合，深度为20厘米，用水浇灌超过保水容量。有机物质确保土壤中的微生物迅速增加，消耗掉土地中的氧，微生物产生的有机酸、发酵产生的热，可以有效地杀灭病菌，使土地转变成还原状态。

（三）粪便无害化卫生标准

国家目前尚未制定出对于家畜粪便的无害化卫生标准，在此借鉴人的粪便无害化卫生标准，来阐述对家畜粪便无害化处理的卫生要求。

标准中的粪便是指人体排泄物；堆肥是指以垃圾、粪便为原料的好氧性高温堆肥；沼气发酵是以粪便为原料，在密闭、厌氧条件下的厌氧性消化（包括常温、中温和高温消化）。经无害化处理后的堆肥和粪便，应符合国家的有关规定，堆肥最高温度达50~55℃甚至更高，应持续5~7天，粪便中蛔虫卵死亡率为95%~100%，有效地控制苍蝇滋生，堆肥周围没有活动的蛆、蛹或新羽化的成蝇。沼气发酵的卫生标准是，密封贮存期应在30天以上，(53 ± 2) ℃的高温沼气发酵温度应持续2天，寄生虫卵沉降率在95%以上，粪液中不得检出活的血吸虫卵和钩虫卵，常温沼气发酵的粪大肠菌值应为10^{-1}，高温沼气发酵应为10^{-2}~10^{-1}，有效地控制蚊蝇滋生，粪液中无孑孓，池的周围无活的蛆、蛹或新羽化的成蝇。

二、病羊尸体的无害化处理

病死羊尸体含大量病原体，只有及时经过无害化处理，才能防止疫病的传播与流行，严禁随意丢弃、出售或作为饲料。根据病症种类的性质不同，按《畜禽病害肉尸及其产品无公害化处理规程》的规定，采用适宜方法处理病羊的尸体。

（一）销毁

对确认为是炭疽、羊快疫、羊肠毒血症、羊猝狙、肉毒梭菌中毒症、蓝舌病、口蹄疫、李氏杆菌病、布鲁氏杆菌病等传染病和恶性肿瘤或两个器官发现肿瘤的病畜的整个尸体，以及从其他患病畜割除下来的病变部分和内脏都应进行无害化销毁。其方法是利用湿法化制和焚毁，前者是利用湿化机将整个尸体送入密闭容器中进行化制，即熬制成工业油。后者是整个尸体或割除的病变部分和内脏投入焚化炉中烧毁炭化。

（二）化制

除上述传染病外，凡病变严重、肌肉发生退行性变化的其他传染病、中毒性疾病、囊虫病、旋毛虫病以及自行死亡或不明原因死亡的家畜的整个尸体或胴体和内脏，利用湿化机制将原料分类分别投入密闭容器中进行化制、熬制成工业油。

（三）掩埋

掩埋是一种暂时看作有效、其实极不彻底的尸体处理方法，但比较简单易行，目前还在广泛地使用。掩埋尸体时应选择干燥、地势较高，距离住宅、道路、水井、河流及牧场较远的偏僻地区。尸坑的长和宽能容纳尸体侧卧为度，深度应为 2 米以上。

（四）腐败

将尸体投入专用的尸体坑内，尸体坑一般为直径 3 米，深 10~13 米的圆形井，坑壁与坑底用不透水的材料制成。

（五）加热煮沸

对某些危害不是特别严重，而经过煮沸消毒后又无害的患传染病的病畜肉尸和内脏，切成重量不超过 2 千克、厚度不超过 8 厘米的肉块，进行高压蒸煮或一般煮沸消毒处理。但必须在指定的场所处理。对洗涤生肉的泔水等必须经过无害化处理；熟肉决不可再与洗过生肉的泔水以及菜板等接触。

三、病羊产品的无害化处理

（一）血液

1. 漂白粉消毒法

对患羊痘、山羊关节炎、绵羊梅迪维斯那病、弓形虫病、锥虫病等的传染病以及血液寄生虫病的病羊血液的处理，是将 1 份漂白粉加入 4 份血液中充分搅匀，放入沸水中烧煮，至血块深部呈黑红色并成蜂窝状时为止。

2. 高温处理

凡属上述传染病者均可高温处理。方法是将已凝固的血液划成豆腐方块，放入沸水中烧煮，至血块深部呈黑红色并成蜂窝状时为止。

（二）蹄、骨和角

将肉尸作高温处理时剔出的病羊骨、蹄、角放入高压锅内蒸煮至脱胶或脱脂时为止。

（三）皮毛

1. 盐酸食盐溶液消毒法

此法用于被上述疫病污染的和一般病畜的皮毛消毒。方法是用2.5% 盐酸溶液与 15% 食盐水溶液等量混合，将皮张浸泡在此溶液中，并使液温保持在 30℃左右，浸泡 40 小时。皮张与消毒液之比为 1：10，浸泡后捞出沥干，放入 2% 氢氧化钠溶液中，以中和皮张上的酸，再用水冲洗后晾干。也可按 100 毫升 25% 食盐水溶液中加入盐酸 1 毫升配制消毒液，在室温 15℃条件下浸泡 48 小时，皮张与消毒液之比为 1：4。浸泡后捞出沥干，再放入 1% 氢氧化钠溶液中浸泡，以中和皮张上的酸，再用水冲洗后晾干。

2. 过氧乙酸消毒法

此法用于任何病畜的皮毛消毒。方法是将皮毛放入新鲜配制的2% 过氧乙酸溶液中浸泡 30 分钟捞出，用水冲洗后晾干。

3. 碱盐液浸泡消毒法

此法用于上述疫病污染的皮毛消毒。具体方法是将病皮浸入5% 碱盐液（饱和盐水内加 5% 氢氧化钠）中，室温（17~20℃）浸泡 24 小时，并随时加以搅拌。然后取出挂起，待碱盐液流净，放入 5% 盐酸液内浸泡，使皮上的碱被中和，捞出，用水冲洗后晾干。

4. 石灰乳浸泡消毒法

此法用于口蹄疫和螨病病皮的消毒。方法是将 1 份生石灰加 1 份水制成熟石灰，再用水配成 10% 或 5% 混悬液（石灰乳）。将口蹄疫病皮浸入 10% 石灰乳中浸泡 2 小时，而将螨病病皮浸入 10% 石灰乳中浸泡 12 小时，然后取出晾干。

5. 盐腌消毒法

主要用于布鲁氏菌病病皮的消毒。按皮重量的 15% 加入食盐，均匀撒于皮的表面。一般毛皮腌制 2 个月，胎儿毛皮腌制 3 个月。

第四节　小型肉羊场常见病防治

一、常见传染病的防治

（一）羊肠毒血症

羊肠毒血症是一种急性非接触性传染病。因本病死亡的羊常有肾脏软化，故又称"软肾病"。该病在临床上类似于羊快疫，所以也称"类快疫"。

本病的病原为 D 型产气荚膜梭菌（D 型魏氏梭菌）。该病菌广泛存在于土壤内，多为散发性，突然发病，死亡很快。本菌能产生强烈的外毒素，引起溶血、坏死和致死。

发病以绵羊为多，山羊较少，通常以 2~12 月龄、膘情较好的羊只为主。魏氏梭菌在土壤或污水中，羊只采食被芽孢污染的饲草或饮水，芽孢随之进入消化道，当时并不引起发病。当饲料突然改变，特别是从吃干草改为采食大量谷类或青嫩多汁和富含蛋白质的草料之后，导致羊的抵抗力下降和消化功能紊乱，D 型魏氏梭菌产生大量毒素，引起全身毒血症，发生休克而死。本病的发生以春夏之交抢青时和秋季牧草结籽后的一段时间发病最多；农区则多见于收割抢茬季节或采食大量富含蛋白质饲料时。一般呈散发性流行。

本病多呈急性型，病羊多呈腹痛、肚胀症状。病程缓慢的，病初羊的步态不稳、空嚼、咬牙、兴奋不安、头向后倾或斜向一侧、流涎、全身肌肉战栗，在昏迷中死亡。急性型的病羊向上跳跃、痉挛、咬牙，于数分钟死亡。临死前发生肠鸣和腹泻，排出黄褐色稀粪。

因发病迅速，治疗常难显效。病程缓慢的，可试用免疫血清（D型产气荚膜梭菌抗毒素）、抗生素或磺胺类药物等，仅能收到一定效果。

（二）羊猝疽

羊猝疽是由C型魏氏梭菌（产气荚膜杆菌）引起的一种毒血症，临床上以急性死亡、腹膜炎和溃疡性肠炎为特征。多发生于成年绵羊，以1~2岁的绵羊发病较多，常流行于低洼、潮湿地区和冬春季节，主要经消化道感染，呈地方性流行。

C型魏氏梭菌随污染的饲料或饮水进入羊只消化道繁殖并产生毒素，引起羊只发病。病程短促，多未见到临床症状即突然死亡。有时发现病羊掉群、卧地，表现不安，衰弱或痉挛，于数小时内死亡。

放牧时尽量选择在高燥地区，避免羊群采食受污染的青草。

（三）羊快疫

羊快疫是由腐败梭菌经消化道感染引起的主要发生于绵羊的一种急性传染病。本病以突然发病、病程短促、真胃出血性炎性损害为特征。

发病羊多为6~18月龄、营养较好的绵羊，山羊较少发病。主要经消化道感染。腐败梭菌通常以芽孢体形式散布于潮湿、低洼或沼泽地带。羊只采食污染的饲草水，芽孢体随之进入消化道，当时不发病。当存在诱发因素时，在秋冬或早春季节气候骤变、阴雨连绵之际，羊采食了冰冻带霜的草料时，机体抵抗力下降，腐败梭菌即大量繁殖，产生外毒素使消化道黏膜发炎、坏死并引起中毒性休克，使患羊死亡。本病以散发性流行为主，发病率低而病死率高。

患羊往往来不及表现临床症状即突然死亡，常见死于牧场或死于圈舍内。病程稍慢者，表现为运动失调，不愿行走，腹痛、腹泻，磨牙抽搐，最后衰弱昏迷，口流带血泡沫，多于数分钟或几小时内死亡，病程极为短促。病死羊尸体迅速腐败膨胀。剖检可见真胃出血，有炎症，胃底部及幽门的黏膜发生水肿，有大小不等的出血斑点及坏死区。肠道内充满气体，常有充血、出血、坏死或溃疡，可视黏膜充血呈暗紫色，体腔多有积液，心内、外膜可见点状出血。胆囊多肿胀。

羊快疫病程短促，往往来不及治疗。病程稍拖长者，可肌内注射青霉素，每次80万~100万单位，1日2次，连用2~3日；内服磺胺嘧啶，1次5~6克，连服3~4次；也可内服10%~20%石灰乳500~1 000毫升，连服1~2次。

对羊肠毒血症、羊猝疽、羊快疫3种传染病可以同时进行免疫防控。发病地区，每年定期接种羊快疫、肠毒血症、猝疽三联苗或羊快疫、肠毒血症、猝疽、羔羊痢疾、黑疫五联苗。羊不论大小，一律皮下或肌内注射5毫升，注苗后2周产生免疫力，保护期达半年。同时，要加强饲养管理，防止严寒袭击。有霜期早晨出牧不要过早，避免采食霜冻饲草。发病时及时隔离病羊，并将羊群转移至干燥牧地或草场。

（四）羊黑疫

又称传染性坏死性肝炎，羊的一种急性高度致死性毒血症，绵羊、山羊均可发生，以肝实质发生坏死性病灶为特征。

本病以2~4岁膘情好的绵羊多发，山羊也可发生。由于肝片吸虫的寄生能诱发此病，所以，主要发生于低洼潮湿地区，以春、夏季多发。临床症状与羊肠毒血症、羊快疫等极其相似，病程短促。病程长的病例1~2天。常食欲废绝，反刍停止，精神不振，放牧时掉群，呼吸困难，体温41℃左右，最后昏睡而死。

控制肝片吸虫的感染，定期注射羊厌气菌病五联苗，皮下或肌内注射5毫升。发病时一般圈至高燥处，也可用抗诺维氏梭菌血清早期预防，皮下或肌内注射10~15毫升，必要时重复1次。病程稍缓病羊，治疗时可肌内注射青霉素80万~160万单位，一日2次。也可静脉或肌内注射抗诺维氏梭菌血清，一次50~80毫升，连续用 1~2 次。

（五）山羊支原体性肺炎

山羊支原体性肺炎又名山羊传染性胸膜肺炎，俗称烂肺病，是由支原体引起的一种高度接触性传染病。其临床特点为高热、咳嗽、胸和胸膜发生浆液性和纤维性炎症。

本病山羊最敏感，其他动物不感染，人工接种绵羊仅发生局部或体温反应，无其他症状。通过空气、飞沫传播。当阴雨连绵、寒冷潮湿、羊群密集拥挤时易于发生，多发于山区草原。

潜伏期 5~6 天，长的 3~4 周。

最急性病羊病初体温升高，精神沉郁，食欲减退，呼吸急促，咩叫，经数小时出现呼吸困难。咳嗽，眼鼻充血，流灰白色黏性鼻液，肺叩诊呈浊音或实音。听诊肺泡音减弱、消失或呈捻发音，12~36 小时内渗出液充满肺并进入胸腔。卧地不起，四肢伸直，每次呼吸全身颤动。黏膜高度充血、发绀，目光呆滞，呻吟哀鸣，不久窒息死亡。病程 4~5 天，有的仅 12~24 小时。

急性病羊体温高，先湿咳后干咳，鼻液先黏性后脓性、呈铁锈色，听诊肺音有摩擦音，叩诊肋部敏感。食欲减少，呼吸困难，呻吟。眼睑肿胀，流黏性、脓性眼眵，口半张，流泡沫唾液，头颈伸直，背拱腹缩。

慢性病羊多发于夏季，全身症状轻微，体温 40℃ 左右，间有咳嗽和腹泻。鼻液时有时无，身体衰弱，病程可达数月，如饲养管理不良、与急性病例接触，可出现并发症而迅速死亡。

从外地引入羊时，必须隔离饲养 1 个月以上，确认无病才可入群。对病羊应隔离治疗，并对羊舍、用具、尸体、粪便进行彻底消毒和作无害化处理。治疗时用磺胺类药，每千克体重 0.027~0.05克；土霉素，每千克体重 20~50 毫克，12 小时 1 次；用樟脑磺酸钠 5~10 毫升、维生素 C 4~8 毫升、复合维生素 B 4~8 毫升。

（六）传染性脓口疮

是由病毒引起的，表现为口唇等处皮肤和黏膜形成丘疹、脓疮、溃疡和结成疣状厚痂，主要通过圈舍、用具或皮肤擦伤传播，呈群发性，可在羊群中连续危害多年。

以 3~6 月龄的幼羊最易感，主要通过圈舍、用具和皮肤擦伤传播，一旦发生可危害多年。通常在口唇部皮肤和黏膜见到丘疹、脓疱、溃疡和结成的疣状厚痂，肉芽组织增生，使口唇肿大，影响采食，病羊往往因衰弱而亡，病程 2~3 周。

严禁从疫区引进绵羊，并建立绵羊引进隔离观察制度；可在每年 3 月或 9 月用口疮弱毒细胞冻干苗在羊只口腔黏膜内接种注射 0.2 毫升。幼、羔羊口腔黏膜娇嫩，易引起外伤，应避免饲喂粗硬饲料，防止感染。少用粗硬饲料，严防创伤感染，发现病羊及时隔离，圈舍和用具用 2% 火碱或 10% 石灰乳或 20% 热草木灰水消毒。用 0.1%~0.2% 高锰酸钾溶液冲洗创面，再涂 2% 龙胆紫、碘甘油、5% 土霉素软膏或青霉素呋喃西林软膏等，1~2 次 / 天。

（七）口蹄疫

口蹄疫是由口蹄疫病毒引起的急性发热高度接触性传染病，主要是羊口腔黏膜、蹄部和乳房皮肤发生水泡和溃烂。

口蹄疫病毒对外界环境抵抗力较强，在自然情况下，被其污染的饲料、饲草和土壤经数周甚至数月还具有传染性。在直射阳光下，病毒经 60 分钟可被杀死，煮沸 3 分钟病毒即可死亡，1%~2% 氢氧化钠、30% 草木灰水、1%~2% 甲醛溶液等都是其良好的消毒剂。病毒侵入羊体后，口腔黏膜和蹄趾间发生水泡和泡疹，水泡主要发生于硬腭和舌面。病初不明显，后出现跛脚、采食减少、精神不振，蹄部肿痛发热，体温升高，2~3 天后，四肢出现水泡。泡液由清变浑，破裂后结成棕色的痂。撕去痂皮，可见鲜红的溃疡。蹄冠部发生水泡时，常因继发性坏疽而引起蹄壁脱落。

羊发生口蹄疫时，要严格实施封锁、隔离、消毒、治疗等综合性措施，对病羊要扑灭深埋，污染的场地等要彻底消毒。对羊群中、疫区和受威胁区内的健康羊，要用 A 型口蹄疫鸡胚化弱毒疫苗和 A 型口蹄疫鸡胚化弱毒细胞反应疫苗紧急预防注射。

病羊口腔可用清水、食醋或 0.1% 高锰酸钾水冲洗，蹄部可用 3% 克辽林或来苏儿洗涤，擦干后涂上青霉素软膏并用绷带包扎。病初还可用高免血清治疗，有条件的地方可用病愈羊全血（或血清）按每千克体重 1.5~2 毫升治疗。采取上述措施治疗的同时，要配合使用抗生素，以防止发生继发性感染。

（八）羊布氏杆菌病

羊布氏杆菌病是羊的一种慢性传染病，主要侵害生殖系统。羊感染后，以母羊发生流产和公羊发生睾丸炎为特征。

母羊较公羊易感性高，性成熟极为易感，消化道是主要感染途径，也可经配种感染。羊群一旦感染此病，首先表现孕羊流产。开始仅为少数，以后逐渐增多，严重时可达半数以上，多数病羊流产一次。多数病例无明显症状。怀孕羊在怀孕后的 3~4 个月发生流产，有时病羊发生关节炎和滑液囊炎而致跛行；公羊发生睾丸炎；少部分病羊发生角膜炎和支气管炎。

必须对污染的用具和场所进行彻底消毒；流产胎儿、胎衣、羊水和产道分泌物应深埋。凝集反应阴性羊用布氏杆菌猪型 2 号弱毒菌或羊型 5 号弱毒苗进行免疫接种。本病无治疗价值，发病后羊群防治措施是用试管凝集反应或平板凝集反应进行羊群检疫，发现呈阳性和可疑反应的羊均应及时隔离，以淘汰屠宰为宜，严禁与假定健康羊接触。

二、常见寄生虫病的防治

（一）肺丝虫病

本病是由网尾线虫（大型肺丝虫）寄生于支气管或气管而引起的寄生虫病，以严重咳嗽、呼吸困难为特征。

绵羊、山羊均感染。首先个别羊干咳，继而成群咳嗽，运动时和夜间咳嗽更为明显。中度感染时咳嗽强烈而粗厉。严重感染时呼吸浅表、迫切而痛苦。阵发性咳嗽发作时常咳出痰团（镜检可见幼虫和虫卵）。鼻孔常挂有黏性鼻液或干涸结痂。常打喷嚏，消瘦，贫血，胸下、四肢水肿，体温不高。感染轻微时症状不明显。

该病流行区内，每年应对羊群进行 1~2 次普遍驱虫，并及时对病羊进行治疗。驱虫治疗期应注意收集粪便进行生物热处理；羔羊与成年羊应分群放牧；冬季羊群应予适当补饲，补饲期间每隔1日可在饲料中加入硫化二苯胺，按成年羊每只1克、羔羊每只0.5克计，让羊自由采食，能大大减少病原的感染。

治疗可选用丙硫咪唑，剂量按每千克体重5~15毫克，口服，对各种肺线虫均有良效。苯硫咪唑，每千克体重5毫克，口服。左旋咪唑，每千克体重7.5~12毫克，口服。

（二）羊鼻蝇蛆病

羊鼻蝇蛆病是由羊鼻蝇的幼虫寄生在羊的鼻腔及附近腔窦内所引起的疾病。成虫羊鼻蝇形似蜜蜂，全身密生短绒毛，体长10~12毫米；头大呈现半球形、黄色；两复眼小，相距较远；触角球形，位于触角窝内；口器退化；胸部有4条断续而不明显的黑色纵纹，腹部有褐色及银白色斑点。

羊感染时鼻黏膜发炎，流出大量鼻液，鼻液初为浆液性，后为黏液性和脓性，有时混有血液；当大量鼻漏干涸在鼻孔周围形成硬痂时，使羊发生呼吸困难。打喷嚏、咳嗽，时常摇头，磨鼻，眼睑浮肿，流泪，食欲减退，日渐消瘦。症状表现可因幼虫在鼻腔内的发育期不同而持续数月。当幼虫进入颅腔损伤了脑膜或因鼻窦发炎而波及脑膜时，可引起神经症状。病羊表现为运动失调，旋转运动，头弯向一侧或发生麻痹；最后病羊食欲废绝，因极度衰竭而死亡。

可用3%来苏儿液直接喷入鼻孔，每只羊每侧鼻孔20~30毫升；目前很多地方采用0.3%螨净水溶液鼻腔喷注预防，每侧鼻孔6~8毫升，效果良好。

（三）反刍兽绦虫病

反刍兽绦虫病是由莫尼茨绦虫、曲子宫绦虫及无卵黄腺绦虫寄生于绵羊、山羊和牛的小肠所引起的。

症状的轻重与感染虫体的强度及体质、年龄等因素有关。通常表现为食欲减退，贫血与水肿。腹泻，粪中有时混有虫体节片，有时可见虫体的一段吊在肛门处。被毛粗乱无光，喜躺卧，起立困难，很快消瘦。若虫体阻塞肠管时，肠膨胀和腹痛，有时因肠破裂而死。病羊亦可出现转圈、肌肉痉挛或头向后仰等神经症状。后期，患羊仰头倒地，咀嚼，口吐泡沫，最后衰竭而死。

羊放牧后30天内进行第一次驱虫，再过10~15天进行二次驱虫，可实行科学轮牧。避免雨后、清晨和黄昏放牧，以减少羊吃中间宿主——地螨的机会。治疗可选用丙硫咪唑，每千克体重5~20毫克，做成1%的水悬液，口服；或氯硝柳胺，每千克体重100毫克，配成10%水悬液，口服；或用硫双二氯酚，每千克体重75~100毫克，包在菜叶里口服，亦可灌服。

（四）前后盘吸虫病

前后盘吸虫病由多种前后盘吸虫寄生于羊等反刍兽的瘤胃和胆管壁上引起的，成虫的危害不甚严重，但若大量童虫在移行过程中寄生在真胃、小肠、胆管和胆囊时，可引起严重的以顽固性下痢为特征的疾病，甚至发生大批死亡。

本病多发于夏秋两季，特别是在多雨或洪涝年份，在此季节中长期在湖滩地放牧，采食水淹过的青草的羊最易感染，其中吃草猛、食量大的青壮龄羊发病严重，甚至死亡。病羊呈现顽固性腹泻，粪便成粥样有腥臭，体温有时升高，消瘦，高度贫血，黏膜苍白，血液稀薄，颌下水肿。后期卧地不起，衰竭而死亡。

治疗可用氯硝柳胺，每千克体重75~80毫克，一次口服，对童虫疗效很好。或用硫双二氯酚，每千克体重80~100毫克，口服。

（五）疥螨病

疥螨病是羊的一种慢性寄生性皮肤病，由疥螨和痒螨寄生在羊体表而引起的，感染速度快，危害严重。

疥螨寄生于皮肤角化层下，虫体在隧道内不断发育和繁殖。成虫体长0.2~0.5毫米，肉眼不易看见。痒螨寄生在皮肤表面，虫体长0.5~0.9毫米，长圆形，肉眼可见。主要发生于冬季和秋末春初。发病时，通常始于羊皮肤柔软且短毛的部位，如嘴唇、口角、鼻面、眼圈及耳根部，后皮肤炎症逐渐向周围蔓延；痒螨病则起始于被毛稠密和温度、湿度比较恒定的皮肤部分，如绵羊多发生于背部、臀部及尾根部，以后才向体侧蔓延。

病初，剧痒，羊不断在圈墙、栏柱等处摩擦；在阴雨天气、夜间、通风不好的圈舍发痒更加剧烈，继而皮肤出现丘疹、结节、水疱，甚至脓疮，后形成痂皮和龟裂。绵羊患疥螨病时，病变主要是头部，形如干燥的石灰。绵羊感染痒螨后，患部大片被毛脱落。患羊因终日啃咬和摩擦患部，烦躁不安，影响采食和休息，日渐消瘦，最终可因极度衰竭而死。

涂药疗法适合于病畜数量少，患部面积小，并可在任何季节使用，但每次涂擦面积不得超过体表的1/3。涂药用克辽宁擦剂（克辽林1份、软肥皂1份、酒精8份，调和即成）。

药浴疗法适用于病畜数量多且气候温暖的季节，药浴液用0.05%蝇毒磷乳剂水溶液，0.05%氧硫磷乳油水溶液。

（六）痒螨病

本病是痒螨属的螨所引起，多寄生于绵羊身上、山羊耳部。

寄生皮肤表面，不在表皮挖隧道，终生寄生在动物上。瘦弱和抵抗力差时易感，营养良好、抵抗力强时感染差，冬季、阴暗潮湿发病严重。

绵羊多发于长毛部位，开始于背、臀部，后蔓延至体侧，奇痒，常在木柱、墙壁摩擦，或用后肢抓患部。患部皮肤初有针尖大至粟粒大结节，继成水泡、脓疮，渗出液增多，皮肤表面湿润，后结成浅黄色脂样痂皮。有些皮肤变厚，腹下毛结成囊，并逐渐大批脱落甚至落光。患病羊逐渐衰竭，严重者引起死亡。

山羊多发生于耳壳内，患部形成黄白色痂皮块，炎症延至外耳道，发痒常摇动耳朵，摩擦。食欲不佳，可引起死亡。治疗参照疥癣病。

（七）片形吸虫病

片形吸虫病是羊最主要的寄生虫病之一。由肝片形吸虫和大片形吸虫寄生于肝脏胆管所引起的。该病分布于全世界，我国遍布各地，主要危害羊、牛，人也可感染。

本病呈地方流行，与病畜粪便污染的牧场及中间宿主椎实螺类的被感染有着密切关系，多发生于低洼和沼泽地区的放牧场所。雨后会增加羊感染的机会，特别是多雨季节，常可引起本病的暴发和流行。夏秋两季是本病的主要感染季节，在放牧吃草或饮水时可受感染。羊急性感染病例是由于同时感染上万个囊蚴所致，多发生在夏末和秋季，但并不多见，病羊表现体温升高，腹胀，有腹水，严重贫血，重者可在几天内死亡。慢性病例较多见，多发于冬春，病羊高度消瘦，黏膜苍白，贫血，眼睑、颌下及胸腹下水肿，衰竭死亡。

每年春秋两季各驱虫一次。若常年放牧，每年可进行 3 次驱虫，急性病例可随时驱虫。做好粪便发酵处理工作，保持饮水和饲草料卫生。治疗可选用硝氯酚，每千克体重 4~5 毫克，一次口服，对童虫无效；硫双二氯酚，每千克体重 80~100 毫克，一次口服，对成虫有效；丙硫咪唑每千克体重 10~15 毫克，一次口服，对成虫有效，且对童虫也有一定疗效；三氯苯唑（肝蛭净），每千克体重 10 毫克，一次口服，对成虫、童虫均有效；溴酚磷（蛭得净），每千克体重 12 毫克，一次口服，对成虫、童虫均有效；胺苯氧醚（可利苄），每千克体重 100 毫克，一次口服，主要对童虫有效。

（八）消化道线虫病

常见的有捻转胃虫、肠结节虫、钩虫、鞭虫等，感染率可达100%。

捻转胃虫主要寄生在真胃，虫体长 10~30 厘米，主要危害真胃黏膜和腺体并分泌毒素。病羊精神不振，瘦弱贫血，生长发育停止，腹泻，常和前胃疾病并发死亡。

肠结节虫主要寄生在大肠，虫体长 10~20 厘米，在肠壁上形成米粒到蚕豆粒大小不等的无数结节。结节大量增生后，使肠蠕动和消化、吸收功能严重受损，病羊的明显症状为营养不良，体重下降，腹泻时粪稀带血，严重时可引起后肢瘫痪。

钩虫主要寄生在小肠内，以羊血为其营养，造成肠黏膜溃疡。发病羊极度贫血、消瘦，颌下水肿，长期腹泻，可引起羊只大量死亡。

鞭虫主要寄生于大肠和盲肠内，虫体长 35~70 毫米。羊体感染后，一般症状不明显，严重时引起腹泻，因吸收毒素而引起贫血和食欲下降等中毒症状。

临床症状都表现为消化紊乱，胃肠道发炎，机体消瘦，食欲下降，贫血，有时腹泻，少数病羊体温升高，呼吸、脉搏频数，心音减弱，最终病羊可因身体极度衰竭而死亡。多发生在春、夏、秋三季。

应在晚秋转入舍饲后和春季放牧前各进行 1 次计划性驱虫，因地区不同，选择驱虫的时间和次数可根据具体情况酌定。羊应饮用干净的流水或井水，尽可能避免吃露水草和在低洼处放牧，以减少感染机会；粪便可进行堆肥发酵，以杀死虫卵；加强饲养管理，提高羊的抗病能力。治疗可用左旋咪唑每千克体重 8 毫克内服；或用丙硫咪唑或甲苯咪唑按每千克体重 15 毫克配成混悬液内服。另外，也可用伊维菌素、阿维菌素等广谱抗虫药，进行皮下注射或口服；或者选用四氯乙烯按每千克体重 0.1~0.2 毫升口服，效果良好。

三、常见营养代谢病的防治

（一）羔羊异食

羔羊异食（又称为"食毛癖"）确切的病因尚待研究。一般认为是由于母羊及羔羊的饲料中维生素和矿物质不足及啃食被粪尿污染的毛而引起。体内缺乏碱盐及饲料中缺乏含硫氨基酸，也可引起。因为胱氨酸是生长羊毛所必需的，母羊营养不良、乳汁不足，则引起羔羊缺乏胱氨酸而出现食毛癖。

初期个别羔羊啃食母羊的股、腹、尾部被粪尿污染的毛，或羔羊互相啃咬被毛和采食脱落在地上的羊毛以及舔墙土等，多数羔羊逐渐出现异食现象。羔羊被毛粗乱，生长缓慢，日渐消瘦，下痢，贫血。当有毛球阻塞幽门时，则出现腹痛不安、拱腰、咩叫、食欲废绝、不排粪、磨牙、气喘等。触诊腹部，真胃、肠道或瘤胃内可触到核桃大的硬块，有移动感，指压不变形。

每 5 只羔羊每天喂 1 个鸡蛋，连壳捣碎，拌在饲料内或放入奶中饲喂，连续喂 5 天，停 5 天，再喂 5 天，可控制食毛的发生和发展。骨粉 25%，碳酸钙 35%，盐 40%，混拌在麦麸中让羔羊自由舔食。圈内脱落的羊毛应随时打扫干净，以免羔羊食入。若真胃或肠道发生阻塞，则应及时手术切开，取出毛球。

（二）羔羊白肌病

羔羊白肌病亦称肌营养不良症，是伴有骨骼肌和心肌组织变性，并发生运动障碍和急性心肌坏死的一种微量元素缺乏症。

该病是由于缺硒所致，与母乳中缺乏维生素 E，或缺硒、钴、铜和锰等微量元素有关。生后数周或 2 个月后发病。患病羔羊精神不振，拱背，四肢无力，运动困难，喜卧地，有时呈现强直性痉挛状态，随即出现麻痹，血尿；死亡前昏迷，呼吸困难。亦见有羔羊病初不见异常，往往于放牧时由于惊动而剧烈运动或过度兴奋而突然死亡。该病常呈地方性群发病。

加强母羊饲养管理，供给豆科牧草，母羊产羔前补硒。治疗应用 0.2% 亚硒酸钠溶液 2 毫升，每月肌内注射 1 次，连用 2 次。内服氯化钴 3 毫克、硫酸铜 8 毫克、氯化锰 4 毫克、碘盐 3 克，加水适量，灌服，并辅以维生素 E 注射液 300 毫克肌内注射，效果更佳。

四、常见产科病的防治

（一）胎衣不下

胎衣不下是指孕羊分娩后超过 2~4 小时，胎衣仍未排出，则称为胎衣不下。主要原因是产后子宫收缩无力，孕羊体质瘦弱；或由于胎儿过大，胎膜水肿，胎水过多，难产助产时间过长；产后羔羊不吮母乳，使垂体后叶素释放不足等，均可使子宫肌肉紧张性降低。此外，子宫内膜炎、胎盘炎、布氏杆菌等均可致病。

病羊体温升高，呼吸及脉搏增快，背拱起，食欲减少，反刍稍减，精神不振，喜卧地。胎衣不下，发生腐败，从阴户中流出污红色腐败恶臭的恶露，其中混有灰白色未腐败的胎衣碎块，有的部分胎衣从阴户垂落于后肢附关节部。

对怀孕母羊应加强饲养管理，防止子宫感染发炎；分娩后让母羊舔干羔羊身上的黏液，尽快让羔羊吮乳，以促进垂体后叶素的释放。病羊分娩后不超过 24 小时，可应用垂体后叶素（或催产素）30~50 国际单位，隔 2~3 小时可重复注射 1 次；肌内注射己烯雌酚 5~10 毫克，或用苯甲酸雌二醇 2~3 毫克；每日或隔日一次，连用 3~4 次；在子宫内放入青霉素 160 万国际单位，或土霉素 1 克或碘仿磺胺（1：9）5 克，若有明显的全身症状，即可用抗生素或磺胺类药物。

应用药物已达 48~72 小时仍无效者，应采取剥离疗法。先保定好病羊，消毒后，术者一手握住阴门外的胎衣，稍向外牵拉；另一之手顺胎衣表面伸入子宫，用食指和中指夹住胎盘周围绒毛成一束，以拇指剥离母子胎盘边缘，剥离半圈后，手向手背侧翻转以扭转绒毛膜，使其从小窦中拔出，与母体胎盘分离。子宫角尖端不好剥离，长借子宫角的收缩反射而收缩上升，再行剥离。最后子宫内灌注抗生素或防腐消毒液，如土霉素 2 克，溶于 100 毫升生理盐水中，注入子宫腔内。

可试用中药，当归 9 克、白术 6 克、益母草 9 克、桃仁 3 克、红花 6 克、川芎 3 克、陈皮 3 克，共研细末，开水调后灌服。若体温升高时，需用抗生素治疗。

（二）乳房炎

乳房炎是一种乳腺疾病，其特征是乳腺叶间结缔组织或乳腺体发炎，乳腺发生有各种不同性质的炎症，乳房发热红肿、疼痛，泌乳机能降低。

一般多为急性乳房炎，乳房肿大、发硬、热痛，泌乳由少到无，乳汁变性，有血液、脓汁等。当乳汁呈褐色或淡红色，病羊体温升高（可达 41℃），精神沉郁，食欲不振或废绝，反刍停止。当羔羊吃乳时，母羊疼痛不让吃，若炎症转为慢性，则病程延长。由于乳房有硬结，常丧失泌乳机能。脓性乳房炎可形成脓腔，与腔体乳腺管相通，若穿透皮肤可形成瘘管。

母羊临产前 1 周及产后 2~3 天，要限制精饲料的饲喂量，产后及早让羔羊吃上初乳，保持羊舍的卫生，减少病菌感染机会。病初期可用冷敷，2~3 天后可用热敷，用 10% 硫酸镁溶液 1 000 毫升，加热至 45℃，每日外洗热敷 1~2 次，连用 4 次。此时可以减少精料及多汁饲料，并限制饮水量，以减少乳腺泌乳活动。

病初可用青霉素 80 万 ~160 万国际单位，0.5% 普鲁卡因 5~10 毫升，溶解后备用。在未用药之前，先将乳房内的乳汁挤净，乳头消毒，而后用乳导管将药液注入乳孔内，然后轻揉乳房腺体部，使药液扩散于乳房腺体中；或用青霉素普鲁卡因溶液进行乳房基部封闭；磺胺类药物也可应用。如有体温升高时，可肌内注射青霉素、链霉素，每日 2 次，连用 2~4 日。为促使炎症产物的吸收和消散，可涂布鱼石脂软膏或樟脑软膏等。

乳房炎的早期应用乳房封闭疗法亦具有良好的疗效。距乳房中线 2 厘米处刺入针头，向同侧腕关节方向刺入 8~10 厘米，一次注入 0.25~0.5 普鲁卡因 10 毫升（加入青霉素 80 万 ~160 万国际单位，效果更佳）。

对脓性乳房炎，开口于乳池深部的脓肿，宜向乳房脓腔内注入 0.02% 呋喃西林溶液，或用 0.1%~0.25% 雷佛奴尔液。用 3% 过氧化氢溶液，或用 0.1% 高锰酸钾溶液冲洗消毒脓腔，引流排脓。

五、常见内科病的防治

（一）口炎

口炎是口腔黏膜及深层组织的炎症，主要由于坚硬、粗干、尖锐或带芒刺饲料的刺激。如放牧啃吃灌木丛，饲喂大麦穗、葵花秆及玉米秆；或采食发霉、腐败及有毒植物等。其次继发口炎是由于咽、鼻、喉部炎症的蔓延，及羔羊营养不良等引起。

病羊食欲减少或废止，反刍时常把混合唾液的饲料团块吐出。口腔黏膜潮红、肿胀、疼痛、流涎、增温，甚至糜烂、出血及溃疡、口臭等。

消除可能引起本病的一切病原性因素，并给予优质青草或青干草，或在优良牧场上放牧。治疗时先用消毒收敛剂（0.1%雷佛奴尔液或0.1%高锰酸钾液）冲洗口腔；而后可涂擦碘甘油溶液（5%碘酊1~5份，甘油5~9份）、2%龙胆紫酒精溶液，撒磺胺明矾食盐合剂（磺胺噻唑或磺胺嘧啶2份，明矾1份，食盐1份）。也可用硼砂9克，青黛12克，冰片3克，共研细末，涂抹口舌。若全身反应明显时，可肌内注射青霉素80万~160万国际单位或链霉素100万国际单位，连用3~5天。

（二）急性瘤胃臌胀

由于采食大量容易发酵的饲料，如豆苗、青苜蓿等豆科植物；或饲喂大量多汁饲料，如白菜叶、甜菜、胡萝卜及过多的精料；或吃露水草，腐败、发霉、冰冻的饲料，均能引起本病。其次还可继发于食道阻塞、前胃弛缓及某些中毒性疾病。

初期，病羊表现不安，很快出现腹围膨大。触诊瘤胃充满，不留压痕；叩诊呈臌音，听诊瘤胃蠕动音初增强，后减弱或消失。食欲、反刍、嗳气停止。呻吟，拱背，头看腹部，后肢踢腹，呼吸困难，口吐白沫。心跳快而弱，黏膜发绀，常因窒息、心衰竭死亡。

不要喂大量豆科植物，不吃露水草和霜化水珠草，不喂发霉腐败饲料等。可插入胃导管放气，缓解腹压，防腐止酵，清理胃肠。可用5%碳酸氢钠溶液1 500毫升洗胃，以排出气体及胃内容物。

对重病羊，立即用粗长的针头于左侧㐹部穿刺放气，但要缓慢。放完气，从长针头内注入止酵剂，如松节油20~40毫升，或来苏儿10~20毫升，福尔马林1~3毫升，鱼石脂5~10克，加水适量。完后插入针芯，拔出针头，局部消毒。

若病羊症状表现不很重时，可用缓泻止酵药，加入人工盐100~150克，或硫酸镁（硫酸钠）100~150克，加入鱼石脂10克，水1 000~1 500毫升；或植物油150~300毫升，加水适量内服；醋20毫升，松节油3毫升，酒精10毫升混合后一次内服。

（三）瘤胃积食

瘤胃积食是由于瘤胃内充满过量而且较干固的草料，超过正常容积，致使胃壁扩张，食糜滞留在瘤胃引起严重的消化不良疾病。

过食是本病的主要原因，特别是饥饿后大量采食或偷吃以及突然变换饲料，采食过量干硬易膨胀的精料，如豌豆、豆饼和大麦等。饲料品质低劣，不易消化，在瘤胃内浸软，磨碎缓慢，不能及时向后移送，加重瘤胃的负担，从而导致积食。饲料方法变换过急，由舍饲突然变为放牧，或由放牧突然变为舍饲，剧烈的变换羊不适应，或饮水、运动均不足，时间过久，则降低其消化功能，而引起此病。

采食过量饲料后不久即出现症状。病羊不愿走动，精神沉郁，腹围增大，左腹部隆起，有腹痛感，反刍减少或停止，嗳出恶臭味的气体及呻吟声。触诊瘤胃内容物坚实，拳压有压痕；叩诊呈浊音，若继发臌气则有鼓音。病初期瘤胃蠕动音增强，后期减少或消失。鼻镜干燥，呼吸、心跳均增快，结膜潮红。病后期，瘤胃内容物腐败分解产生有毒物质可引起中毒。此时病羊四肢发抖，常卧地呈昏迷状态。

当喂适口性强的饲料时，要限制数量，由少渐多。轻者绝食1~2天，勤给水喝，按摩瘤胃，每次10~15分钟，可自愈。用盐类和油类泻剂混合后灌服。如硫酸镁50克，石蜡油80毫升加水溶解内服。止酵药可用来苏儿或福尔马林1~3毫升或鱼石脂1~3克，加水适量内服。5%氯化钠注射液50~100毫升静脉注射，对兴奋瘤胃活动有良好作用。复方胆汁A注射液：5~10毫升，肌内注射或静脉注射，1日2次。强心药：20%樟脑水3~5毫升，皮下或肌内注射。中药神曲9克，山楂6克，麦芽6克，大黄9克，研末，开水冲待温内服。若瘤胃内容物多而坚硬，一般泻药不易显效时，应及早施行瘤胃切开术，取出胃内容物。

（四）前胃弛缓

前胃弛缓是前胃兴奋性和收缩力量降低的疾病。长期饲喂玉米秸秆、豆秸、麦秸等粗硬难以消化的饲草；饲喂腐败、冰冻、虫蛀、染毒等品质不良的饲料；长期饲喂豆面、麦麸、酒糟等单调、缺乏刺激性的饲料；突然更换饲养方法，供给精料过多，运动不足等，易引发此病。此外，瘤胃臌气、瘤胃积食、肠炎等其他内、外、产科疾病等，亦可继发此病。

急性病羊食欲废绝，反刍停止，瘤胃蠕动力量减弱或停止；瘤胃内容物腐败发酵，产生多量气体，左腹增大，叩触不坚实。慢性病羊精神沉郁，疲倦无力，喜卧地；被毛粗乱；体温、呼吸、脉搏无变化，食欲减退，反刍缓慢；瘤胃蠕动力量减弱，次数减少。若为继发性前胃弛缓，常伴有原发病的特征症状。因此，诊疗中必须区别该病是原发性还是继发性。

采取饥饿疗法，或禁食2~3次，然后供给易消化的饲料等。药物疗法，先投泻剂，兴奋瘤胃蠕动，防腐止酵。成年羊可用硫酸镁20~30克或人工盐20~30克、石蜡油100~200毫升、番木鳖酊2毫升、大黄酊10毫升，加水500毫升，1次灌服。10%氯化钠20毫升、生理盐水100毫升、10%氯化钙10毫升，混合后一次静脉注射。也可用酵母粉10克、红糖10克、酒精10毫升、陈皮酊5毫升，混合后加水适量，灌服。瘤胃兴奋剂，可用2%毛果芸香碱1毫升，皮下注射。防止酸中毒，可灌服碳酸氢钠10~15克。用大蒜酊20毫升、龙胆末10克、豆蔻酊10毫升，加水适量，1次口服，效果也很好。

六、常见外科病的防治

(一) 腐蹄病

腐蹄病是在趾间软组织发生腐败、坏死，且有恶臭的蹄部疾病。当病情发展，病变可波及蹄冠皮肤、蹄真皮、腱、骨及蹄关节。一年四季均有发生，而在夏季多雨季节发病较多。地面泥泞，运动不足，可促使本病发生。蹄部外伤是本病继发感染的重要原因。羊蹄多因碎石块、煤渣等造成蹄间外伤，当接触严重污染的潮湿土地，或浸泡于污秽的泥泞中，引起蹄间腐烂；或由于维生素、蛋白质及矿物质饲料不足，以及护蹄不当等，致使蹄角质生长发育受到影响或破坏，以致降低蹄角质的抵抗力，被各种腐败细菌感染而发病。

腐蹄病的发现，往往是见羊只发生跛行开始，一般是一只跛行。病初不太严重，较严重时，病羊频频提起病蹄离地，不愿行走。病蹄有不同程度的肿胀，初在趾间裂的地方，后扩大到蹄冠、蹄球、系部，甚至肿到球节上。肿胀部表现溃烂，在破溃的地方，下面溢出恶臭气味的脓性液体，蹄温增高，手压蹄表面有疼痛，病羊精神沉郁，食欲不振，跛行严重，疼痛异常。

在饲料中补喂矿物质，特别要平衡补充钙、磷；及时清除厩舍中的粪便、烂草、污水等。在厩舍门前放置用10%~20%硫酸铜液浸泡过的草袋，或在厩舍前设置消毒池，池中放入10%~20%硫酸铜溶液，使牛羊每天出入时洗涤消毒蹄部2~4次。牛羊患腐蹄病时要隔离饲养，用四环素粉或土霉素粉填上，外用松节油棉塞后包扎。用硫酸铜和水杨酸粉或消炎粉填塞包扎，外面涂上松节油以防腐防湿。用碘酊棉花球涂擦，再用麻丝填实、包扎。用磺胺类或抗生素类软膏填塞、包扎，再涂上松节油。将50~100克豆油烧开，立即灌入患部，用药棉填塞或用黄蜡封闭，包扎固定。以上各种治疗方法每隔2~3天需换一次药。对急性、严重病例，为了防止败血症的发生，应用青霉素、链霉素和磺胺类药物进行全身防治。

（二）眼结膜炎

多为风沙、尘土刺激眼部，机械损伤，或某些内科病及传染病伴发结膜炎。化脓性结膜炎的病原体多为葡萄球菌和链球菌。急性期表现怕光、流泪，眼睑肿胀，眼结膜充血、疼痛。眼内有浆液性、脓性分泌物。角膜透明时，视力没有大的影响。慢性期结膜呈暗红色，炎症反应轻微，分泌物黏稠，不时有痒觉。

早期发现除去病因，及时治疗，排除炎症。用温药液冲洗眼部，如2%硼酸水、生理盐水、0.01%新洁尔灭、0.01%呋喃西林。用上述药液对眼部作热敷，具有较好的消炎作用，每日2次，每次约20分钟。眼内消炎抗菌药物：5%金霉素眼膏、红霉素眼膏、四环素眼膏、5%磺胺噻唑眼膏或考的松药水。

七、常见中毒病的防治

（一）氢氰酸中毒

氢氰酸中毒是由于羊采食富有氰苷配糖体的饲料，在胃内由于酶的水解和胃液盐酸作用，产生游离的氢氰酸而致病。临床特征为突然发病、呼吸困难、肌肉震颤等综合征的组织中毒性缺氧症。

氢氰酸是一种剧毒的物质。其有机衍生物以氰苷的形式存在于某些植物中，如亚麻、高粱幼苗、三叶草、苏丹草、杏仁（叶）、桃仁（叶）等。氰苷本身无毒，但和脂解酶共存，在一定条件下，酶能使它水解放出氢氰酸而具有毒性。羊在收割高粱后长出再生幼苗的田地放牧，或因采食间苗时拔下的高粱幼苗而引起中毒。

临床呈急性，羊多于采食过量含氰苷的饲料后半小时至数小时内出现症状。精神沉郁，步态不稳，可视黏膜发红，腹痛不安，口流白色泡沫状唾液，瘤胃蠕动减弱，并出现瘤胃臌气，呼吸加快，肌肉震颤。严重者体温下降，后肢麻痹，肌肉痉挛，瞳孔散大，全身反射减少乃至消失，心波动徐缓，脉弱，呼吸浅微，直至昏迷而死亡。

不要用高粱幼苗或亚麻的茎、叶喂羊，也不要到长有高粱幼苗（再生幼苗）或亚麻的地边放牧。不要过量饲喂亚麻子饼，最好进行干喂，喂后 1 小时内不要饮水。如喂软化的亚麻子饼，需经高温煮沸（不要盖锅盖，并加以搅拌，以使氢氰酸挥发），现煮现喂，切忌长期浸泡。因为煮沸后也只可保持一昼夜的时间无毒。

发病后迅速静脉注射 5% 亚硝酸钠溶液 4 毫升；然后再静脉注射 10% 硫代硫酸钠 10~20 毫升。1 小时后，如无好转，可重复一次。

（二）有机磷农药中毒

有机磷中毒是由于接触、吸入或采食某种有机磷制剂所致。本病的病理过程是以体内的胆碱酯酶活性受到限制，从而导致神经生理机能紊乱为特征。采食喷洒有机磷农药的青草、庄稼或用有机磷农药拌过种子，饮了被有机磷农药污染的水，或使用接触过农药未经彻底洗净的用具来盛饲料，而引起中毒。由于用某种有机磷农药来驱除羊体内、外寄生虫时，对剂量或浓度掌握不准，或在药浴过程中误咽药液等而引起中毒。

病羊多在采食污染有机磷农药的饲料或饮水后半小时至数小时内发病。轻度中毒羊精神沉郁，略显不安，食欲减退，流涎，呼吸稍快，肠音亢进，排稀粪便。中度中毒羊食欲停止，瞳孔缩小，黏膜苍白，口内大量流涎，瘤胃蠕动及肠音亢进，呕吐，腹泻，肌纤维性震颤，心跳增强，呼吸困难，体温升高，出汗。山羊出现咩叫。重度中毒病羊全身战栗，表现短时间兴奋后，昏倒在地，瞳孔缩小呈线状，病羊表现痛苦，眼球震颤，全身出汗，大小便失禁，瘤胃弛缓，臌气，心跳疾速，呼吸困难，四肢厥冷，当呼吸肌麻痹时，导致窒息死亡。

严格执行农药管理制度，切勿在喷洒有机磷农药牧地放牧，更不能用拌过有机磷农药的种子喂羊。有机磷中毒发展很快，必须很快救治，但以减少毒物的继续吸收、早期应用特效解毒剂为主，其他辅以对症治疗。静脉注射解磷定，按每千克体重 15~30 毫克，溶于 5% 葡萄糖溶液 100 毫升中；或肌内注射硫酸阿托品 10~30 毫克。若症状不减轻，即可重复应用解磷定及硫酸阿托品。肌内注射 25% 氯磷定，成年羊每次 6 毫升；或 25% 氯磷定 4 毫升，用注射水 10 毫升稀释后，静脉注射。

解磷定与氯磷定作用快，静注后数分钟即可出现效果，但在体内很快为肝脏分解而从肾排出。其作用仅持续 1.5 小时左右，故需反复用药。病重者每隔 2~4 小时注射一次，最好在第一、第二次用较大剂量，以后用小剂量维持，不宜过早停药。

解磷定对 1605、1059 等的急性中毒有良好解毒作用，而对敌百虫、敌敌畏、乐果等中毒以及慢性有机磷中毒的治疗效果差。

上述用药，一般轻度中毒单独使用阿托品或解磷定（氯磷定）即可，而对中度及重度中毒的病羊，必须二者合用。解磷定类药物尽量早期应用，才能取得良好效果。

（三）硝酸盐或亚硝酸中毒

本病是由于食入或饮入含有硝酸盐或亚硝酸盐的植物或水而引起的中毒性高铁血红蛋白症，主要表现皮肤黏膜呈蓝紫色及缺氧症状。

白菜、萝卜叶、甜菜、马铃薯叶、小麦、大麦、黑麦等幼嫩时硝酸盐含量高，如堆放过久、雨淋、发酵腐熟，或煮熟后低温缓焖延缓冷却时间，可使饲料中的硝酸盐转化为亚硝酸盐；大量使用硝酸铵、硝酸钠施肥，使饲料含量增多；在羊舍、粪堆、垃圾附近的水源，常有危险量的硝酸盐存在，如水中的硝酸盐含量超过200~500毫克/升，即可引起中毒。

急性中毒羊沉郁，流涎，呕吐，腹痛，腹泻，脱水。可视黏膜发绀。呼吸困难，心跳加快，肌肉震颤，步态蹒跚，卧地不起，四肢划动，全身痉挛。慢性中毒羊前胃弛缓，腹泻，跛行，甲状腺肿大。

种植饲料的土地应限制使用粪尿和氮肥，接近收割的牧草不使用硝酸盐和 2,4 D 等化肥、农药，以减少其中硝酸盐的含量。用甲苯胺蓝配成 5% 溶液，每千克体重静注或肌注 0.5 毫升，疗效比较。用 0.1% 高锰酸钾水洗胃。重症羊用含糖盐水 500~1 000 毫升、樟脑磺酸钠 5~10 毫升、维生素 6~8 毫升静注。

附　录
羊的各项生理指标

一、羊的常规生理指标

（一）羊的体温

绵羊的正常体温平均为 39.1℃，范围 38.3~39.3℃；山羊的正常体温平均为 39.1℃，范围 38.5~39.7℃。健康羊正常体温在一昼夜内略有变动，一般上午偏低，下午偏高，相差 1℃左右。

（二）羊的呼吸

羊正常的呼吸为：羔羊 15~20 次 / 分，成年羊为 12~15 次 / 分。

（三）羊的脉搏

健康羊的心脏跳动均匀，心音清晰，每分跳动 70~80 次。

（四）羊的反刍

健康羊饲喂后经过 0.5~1 小时才出现反刍，第一次反刍的持续时间平均为 40~50 分钟，然后间歇一段时间再开始第二次反刍。这样一昼夜要进行 6~8 次反刍。

（五）瘤胃的运动次数

正常的瘤胃运动次数，休息时平均 1 分钟为 1.8 次，进食时次数增多，平均约 2.8 次，反刍时约 2.3 次。每次瘤胃运动的持续时间为 15~25 秒。

二、羊的繁殖生理指标

（一）性成熟

羊的性成熟多为 5~7 月龄，早的 4~5 月龄，个别早熟品种 3 个多月即发情。

（二）体成熟

母羊多为 1.5 岁左右，公羊 2 岁左右，早熟品种提前。

（三）发情周期

绵羊多为 16~17 天（范围为 14~22 天）；山羊多为 19~21 天（范围为 18~24 天）。

（四）发情持续期

绵羊多为 30~36 小时，山羊多为 39~40 小时。

（五）排卵时间

发情开始后 12~30 小时。

（六）卵子排出后保持受精能力的时间

保持受精能力的时间为 15~24 小时。

（七）精子到达母羊输卵管时间

精子到达母羊输卵管时间为 5~6 小时。

（八）精子在母羊生殖道存活时间

精子在母羊生殖道存活时间多为 24~48 小时，最长 72 小时。

（九）最适宜配种时间

羊最适宜的配种时间为排卵前 5 小时左右（开始发情半天内）。

（十）羊的妊娠期

羊的妊娠期平均为 150 天，范围是 145~154 天。

（十一）哺乳期

羊的哺乳期通常是 3.5~4 个月，有时根据生产需要和羔羊生长发育快慢可以适当调整。

（十二）产后第一次发情时间

绵羊多在产后的第 25~46 天，最早在第 12 天，山羊多在产后的 10~14 天。

三、肉用羊常规免疫程序

疫苗名称	作用与用途	用法与用量	免疫期	备注
羊厌气菌五联苗	预防羊快疫、猝疽、羔痢、肠毒血症、黑疫	用20%生理盐水溶解，肌内注射或皮下注射1毫升	1年	体况不佳者慎用
羊痘活疫苗	预防羊痘	股内侧肌肉或尾内侧皮下注射0.5毫升	1年	可作紧急接种
布鲁氏菌活疫苗	预防布鲁氏菌病	口服或肌内注射	3年	孕畜忌注射用
乙型脑炎灭活疫苗	预防羊乙型脑炎	1月龄以上，每头肌内注射2毫升		
羊传染性胸膜肺炎苗	预防羊传染性胸膜肺炎	肌内注射或皮下注射，成年羊5毫升/只，6月龄以下羊3毫升/只	1年	
羊链球菌苗	预防羊败血性链球菌病	6月龄以上羊一律尾根皮下注射1毫升	1年	生理盐水稀释

注：各疫苗免疫间隔时间为7~10天，使用前应按说明书进行操作

参考文献

[1] 王志武，闫益波，李童. 肉羊标准化规模养殖技术. 北京：中国农业科学技术出版社，2013.

[2] 毛杨毅. 农户舍饲养羊配套技术. 北京：金盾出版社，2002.

[3] 李建国，田树军. 肉羊标准化生产技术. 北京：中国农业出版社，2002.